ROSS BAYTON UND
SIMON MAUGHAN

PFLANZEN FAMILIEN

Haupt
NATUR

Simon Maughan studierte Pflanzenwissenschaften an der Universität von Edinburgh. Er ist Autor mehrerer Sachbücher zu botanischen und gärtnerischen Themen und war für über zwölf Jahre als Herausgeber für die Royal Horticultural Society (RHS) tätig.

Ross Bayton studierte Pflanzenwissenschaften und spezialisierte sich auf Taxonomie. Er war als Herausgeber der *BBC Gardener's World* tätig.

Die Royal Horticultural Society (RHS) ist eine britische Fachgesellschaft, die sich die Förderung von Gartenbau und Gartengestaltung zum Ziel gesetzt hat. Weitere Informationen unter www.rhs.org.uk (in englischer Sprache).

2. Auflage: 2023
1. Auflage: 2018

ISBN 978-3-258-08355-1

Aus dem Englischen übersetzt von Wiebke Krabbe, D-Damlos
Fachlektorat der deutschsprachigen Ausgabe: Bruno P. Kremer, D-Wachtberg
Satz der deutschsprachigen Ausgabe: Die Werkstatt Medien-Produktion GmbH, D-Göttingen

Die englischsprachige Originalausgabe erschien 2017 unter dem Titel *Plant Families – A Guide for Gardeners and Botanists*

Konzept, Gestaltung und Produktion: Quid Publishing, ein Imprint der Quarto Gruppe, The Old Brewery, 6 Blundell Street, London N7 9BH, England
Gedruckt in Malaysia

Um lange Transportwege zu vermeiden, hätten wir dieses Buch gerne in Europa gedruckt. Bei Lizenzausgaben wie diesem Buch entscheidet jedoch der Originalverlag über den Druckort. Der Haupt Verlag kompensiert mit einem freiwilligen Beitrag zum Klimaschutz die durch den Transport verursachten CO_2-Emissionen. Wir verwenden FSC®-zertifiziertes Papier. FSC® sichert die Nutzung der Wälder gemäß sozialen, ökonomischen und ökologischen Kriterien.

Diese Publikation ist in der Deutschen Nationalbibliografie verzeichnet. Mehr Informationen dazu finden Sie unter http://dnb.dnb.de.

Der Haupt Verlag wird vom Bundesamt für Kultur für die Jahre 2021–2024 unterstützt.

Sie möchten nichts mehr verpassen?

Folgen Sie uns auf unseren Social-Media-Kanälen und bleiben Sie via Newsletter auf dem neuesten Stand.

www.haupt.ch/informiert

Wir verlegen mit Freude und großem Engagement unsere Bücher. Daher freuen wir uns immer über Anregungen zum Programm und schätzen Hinweise auf Fehler im Buch, sollten uns welche unterlaufen sein.

www.haupt.ch

ROSS BAYTON UND
SIMON MAUGHAN

PFLANZEN FAMILIEN

Was jede Gärtnerin und jeder Gärtner wissen sollte

2. AUFLAGE

Haupt Verlag

Inhalt

Cycas balansae aus der Familie Palmfarne (Cycadaceae – siehe Seite 48–49).

Magnolia liliiflora aus der Familie Magnoliengewächse (Magnoliaceae – siehe Seite 70–71).

EUDIKOTYLEDONEN

Rosa rugosa aus der Familie Rosengewächse (Rosaceae – siehe Seite 130–133).

Vorwort

Viele Menschen glauben, dass alle Pflanzen zu einer großen Familie gehören, aber das ist nicht der Fall. Es gibt etwa eine Viertelmillion verschiedener Pflanzenarten. Um in diese Vielfalt eine gewisse Ordnung zu bringen, haben Botaniker sie anhand bestimmter Merkmale und Verwandtschaften in Klassen, Unterklassen, Ordnungen und Familien eingeteilt.

Zu jeder Jahreszeit kann man in der Natur oder im Garten eine Vielzahl von Pflanzenfamilien entdecken. Es ist erstaunlich, wie viele Familien sich schon in einem kleinen Radius um den Wohnort finden, und auch im Garten ist die Bandbreite der Pflanzenfamilien beeindruckend. Das verdanken wir vor allem den Forschern und Pflanzensammlern, die im Laufe der Jahrhunderte Gewächse aus aller Welt mitgebracht haben.

Kenntnisse über die Pflanzenfamilien sind für den Erfolg im Garten wichtig. Wer beispielsweise stark sauren Boden hat und weiß, dass Rhododendren darauf gedeihen, kann bedenkenlos auch andere Arten aus der Familie der Ericaceae pflanzen, etwa Heidekraut, Lorbeerrose, Torfgränke, Schattenglöckchen, Heidelbeeren und andere. Für die Gartengestaltung ist es hilfreich zu wissen, dass die Angehörigen einer Familie gemeinsame Merkmale besitzen und darum optisch gut miteinander harmonieren.

Das Pflanzenreich ist zu umfangreich, um die Verwandtschaftsverhältnisse in einem Zug zu überschauen. Sinnvoller ist, die Pflanzen einzeln zu betrachten. Glücklicherweise unterliegt das Pflanzenreich einer gewissen Systematik, darum ist es nicht nötig, jede einzelne Art kennen zu lernen. Mit etwas Erfahrung kann man anhand von Familienähnlichkeiten einen recht guten Überblick über die enorme Vielfalt der Pflanzen gewinnen.

Erica carnea,
Schneeheide

Vaccinium oxycoccos,
Moosbeere
Heidekraut und Moosbeeren gehören, ebenso wie Rhododendren, der Familie Ericaceae an. Die meisten Mitglieder dieser Familie benötigen sauren Boden und gedeihen schlecht in kalkhaltiger Erde.

So arbeiten Sie mit diesem Buch

PFLANZEN ERKENNEN

Mit diesem Buch können Sie lernen, bestimmte Pflanzenmerkmale zu erkennen und so Rückschlüsse auf die Familienzugehörigkeit einer Pflanze zu ziehen. Die Familien werden weitgehend in der Reihenfolge ihrer mutmaßlichen Evolution vorgestellt (siehe Seite 10–11). Wenn Sie mit den typischen Merkmalen vertraut sind, werden Sie die einzelnen Angehörigen einer Familie erkennen und nicht nur ihre Ähnlichkeiten, sondern auch ihre Unterschiede wahrnehmen.

GROSSE FAMILIEN

Gräser (Poaceae), Kieferngewächse (Pinaceae), Hahnenfußgewächse (Ranunculaceae), Hülsenfrüchtler (Fabaceae) und einige andere große Familien werden auf zwei Doppelseiten vorgestellt. Für botanische Neulinge empfiehlt es sich, zuerst diese großen Gruppen kennen zu lernen, weil sie leicht zu erkennen sind und weil ihnen viele bekannte Wild- und Gartenpflanzen angehören.

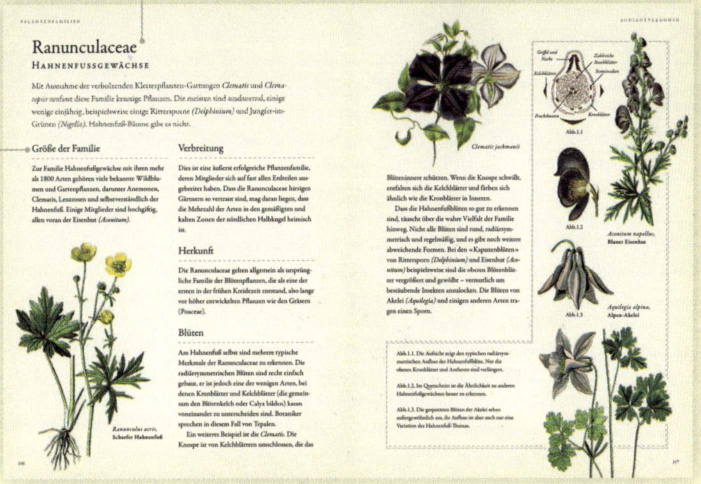

FAKTEN KURZ GEFASST

In jedem Kapitel finden Sie Informationen über die Größe der Familie, ihre Herkunft und ihre Verbreitung sowie wichtige Details über Gemeinsamkeiten und Unterschiede der Blatt- und Blütenbildung innerhalb der Familie.

ABBILDUNGEN

Attraktive und informative Illustrationen helfen Ihnen dabei, die Familien zu erkennen.

VERWENDUNG IM GARTEN

In den meisten Kapiteln finden Sie Kästen mit Informationen zur Verwendung der jeweiligen Pflanzenfamilie im Garten.

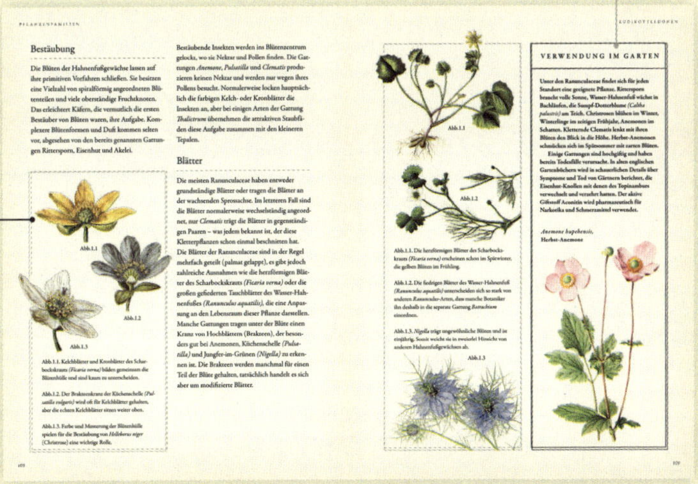

KLASSISCHE UND MODERNE FORSCHUNG

Die Genealogie der Pflanzen ist ein kompliziertes Gebiet. Gelegentlich sind sich Experten über die Verwandtschaftsverhältnisse nicht einig, und auch moderne DNA-Analysen werfen immer wieder neue Fragen auf. Dieses Buch greift auf Ergebnisse der klassischen und modernen Forschung zurück, um die Verwandtschaft zu veranschaulichen und dem modernen Gärtner oder Naturfreund nahezubringen.

Pflanzen und ihre Verwandtschaften

Seit Jahrhunderten versuchen Botaniker, die große Vielfalt der Pflanzen zu beschreiben und zu erklären. Sie haben Sprossachsen, Blätter, Blüten und andere Teile verglichen, um Ähnlichkeiten zu erkennen. Anhand solcher Ähnlichkeiten wurden Pflanzen zu Gruppen zusammengefasst. So entstand eine erste Klassifizierung. Diese wurde im Lauf der Zeit verfeinert und in über- und untergeordnete Ebenen gegliedert, um Pflanzenarten identifizieren zu können. Mit den Fortschritten der Genetik erkannte man, dass diese Ähnlichkeiten vererbt werden und auf Verwandtschaften schließen lassen. Die heutige Klassifizierung der Pflanzen basiert auf diesen Verwandtschaftsverhältnissen und wird oft mit verzweigten Grafiken dargestellt, die den Stammbaum der Pflanzenfamilie verdeutlichen.

Acer palmatum,
Fächer-Ahorn

Aesculus hippocastanum,
Europäische Rosskastanie

Familien-Stammbäume

Um einen Stammbaum zu erstellen, werden Daten zahlreicher Pflanzengruppen verglichen. Wenn viele Ähnlichkeiten vorliegen, besteht wahrscheinlich eine Verwandtschaft. Die moderne Forschung untersucht hauptsächlich die DNA (Desoxyribonukleinsäure). Wie bei allen Lebewesen besitzen auch Pflanzen Chromosomen. Diese bestehen aus langen DNA-Strängen, die alle Erbinformationen tragen. Die komplette Erbinformation (Genom) ist umfangreich und in jeder Zelle vorhanden. Das größte Genom besitzt die Staude *Paris japonica* (Melanthiaceae): etwa 150 Milliarden Basenpaare. Das Genom des Menschen umfasst nur 3,2 Milliarden Basenpaare. Da die Analyse so großer Datenmengen schwierig ist, wählen Botaniker einige variable Bereiche aus und vergleichen diese mithilfe von Computer-Algorithmen bei verschiedenen Arten. Pflanzen, deren DNA einander in diesen Bereichen stark ähnelt, bilden die Grundlage des Stammbaums. Verzweigungen führen zu Arten, die weniger genetische Ähnlichkeiten aufweisen.

Was sagen Stammbäume aus?

Um einen Stammbaum wie auf der folgenden Seite zu erstellen, werden DNA-Proben und andere Daten verglichen. Sie geben Auskunft über Verwandtschaften und darüber, ob Arten und Familien bisher korrekt klassifiziert wurden. Ahorne und Rosskastanien wurden beispielsweise früher den Familien Aceraceae bzw. Hippocastanaceae zugeordnet. Inzwischen ist aber bekannt, dass beide zur Familie der Seifenbaumgewächse (Sapindaceae) gehören.

Die Betrachtung der Positionen verschiedener Pflanzengruppen im Stammbaum zeigt auch, wie sich die äußeren Merkmale einer Pflanze im Lauf der Zeit verändert haben. Der Stammbaum auf der folgenden Seite gibt Auskunft über die Evolution der Pflanzen von den allerersten bekannten Pflanzengruppen bis zu denen, die heute bekannt sind.

Familienstammbäume sind hauptsächlich ein Hilfsmittel zur Identifikation. Ein Gärtner, der die Unterscheidungsmerkmale der wichtigsten Pflanzengruppen kennt und weiß, wie sie sich entwickelt haben, kann jede Pflanze genau bestimmen. Die moderne Klassifizierung, die auf DNA-Vergleichen basiert, ist exakter als jede vorherige. Darum wird sich die Einteilung in Familien, die in diesem Buch vorgestellt wird, in Zukunft wahrscheinlich nicht mehr ändern.

Hydrangea macrophylla, **Gartenhortensie**

WISSENSCHAFTLICHE NOMENKLATUR

Die wissenschaftliche Benennung von Pflanzen folgt einem internationalen System mit hierarchischer Ordnung. Hier werden am Beispiel *Phaseolus vulgaris* (Gartenbohne) die wichtigsten Rangstufen vorgestellt.

REICH
Plantae (Pflanzen)

ABTEILUNG
Embryophyten (Landpflanzen)

KLASSE
Angiospermae (Bedecktsamer)

UNTERKLASSE
Dicotyledoneae (Zweikeimblättrige)

ÜBERORDNUNG
Rosidae (Rosenähnliche)

ORDNUNG
Fabales (Schmetterlingsblütenartige)

FAMILIE
Fabaceae (Hülsenfrüchtler)

GATTUNG
Phaseolus (Bohne)

ART
Phaseolus vulgaris (Gartenbohne)

Der Stammbaum der Pflanzen

Dieser Stammbaum basiert auf genetischen Ähnlichkeiten und Unterschieden, die durch den Vergleich von DNA-Proben verschiedener Pflanzen ermittelt wurden. Er beginnt links mit den frühesten Vertretern des Pflanzenreichs und zeigt, wie sich die heute bekannten Pflanzen (rechts) aus ihren ausgestorbenen Vorfahren entwickelt haben. Wie bei einem menschlichen Stammbaum stehen eng verwandte Familien nahe beieinander, während entfernt verwandte in größerem Abstand stehen.

Aus Gründen der Übersichtlichkeit sind in diesem Stammbaum nur Familien erfasst, die in diesem Buch vorgestellt werden. Der Stammbaum beginnt mit der Entwicklung der Landpflanzen. Jeder Zweig steht für das Erscheinen einer neuen Gruppe. Die frühesten sind die Moose.

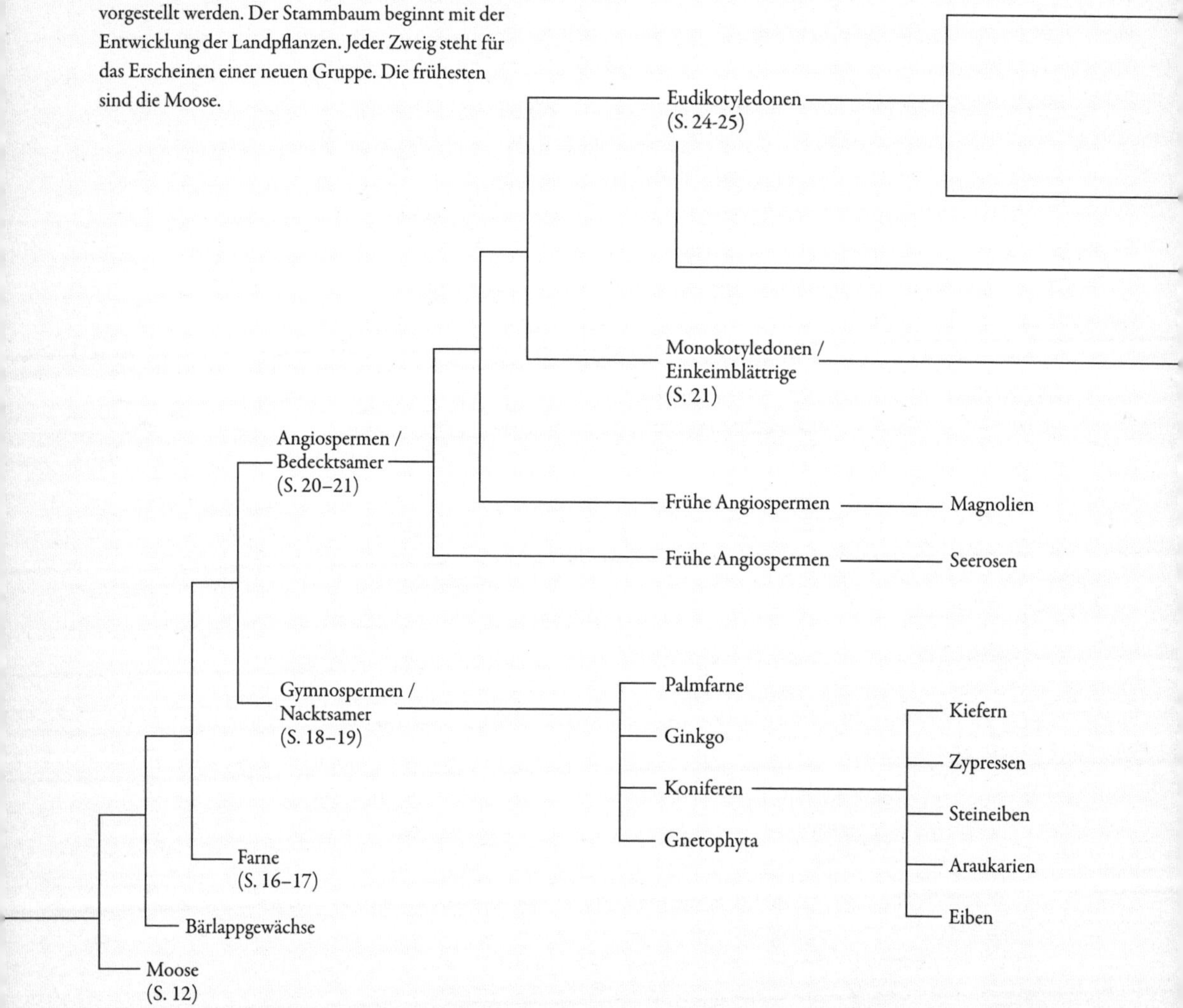

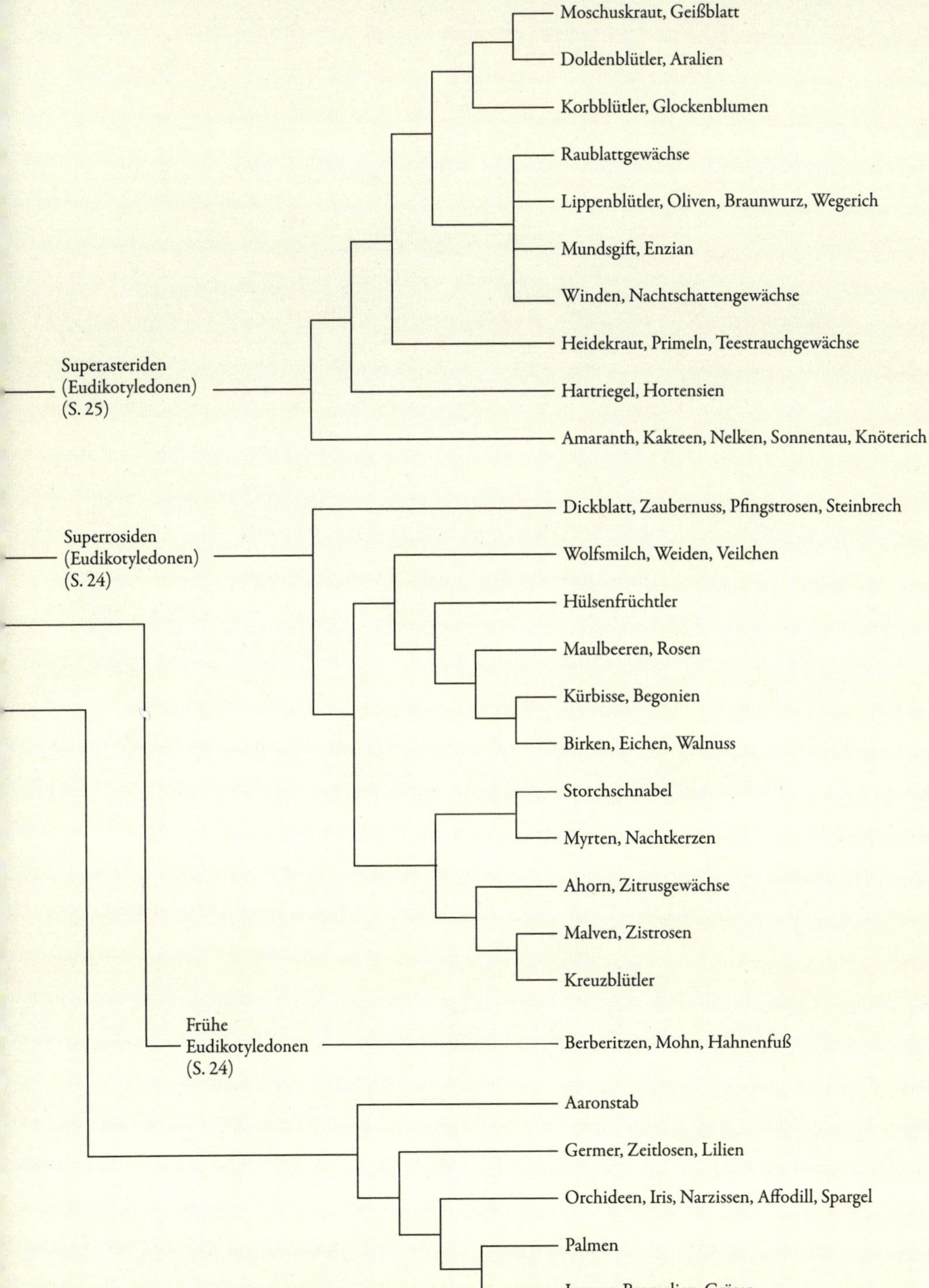
Moschuskraut, Geißblatt
Doldenblütler, Aralien
Korbblütler, Glockenblumen
Raublattgewächse
Lippenblütler, Oliven, Braunwurz, Wegerich
Mundsgift, Enzian
Winden, Nachtschattengewächse
Heidekraut, Primeln, Teestrauchgewächse
Superasteriden (Eudikotyledonen) (S. 25)
Hartriegel, Hortensien
Amaranth, Kakteen, Nelken, Sonnentau, Knöterich
Dickblatt, Zaubernuss, Pfingstrosen, Steinbrech
Superrosiden (Eudikotyledonen) (S. 24)
Wolfsmilch, Weiden, Veilchen
Hülsenfrüchtler
Maulbeeren, Rosen
Kürbisse, Begonien
Birken, Eichen, Walnuss
Storchschnabel
Myrten, Nachtkerzen
Ahorn, Zitrusgewächse
Malven, Zistrosen
Kreuzblütler
Frühe Eudikotyledonen (S. 24)
Berberitzen, Mohn, Hahnenfuß
Aaronstab
Germer, Zeitlosen, Lilien
Orchideen, Iris, Narzissen, Affodill, Spargel
Palmen
Ingwer, Bromelien, Gräser

Von den Anfängen zu den Blütenpflanzen

Wie alles Leben auf der Erde haben auch die heutigen Pflanzen ihren Ursprung im Meer. Wahrscheinlich begannen sie vor etwa 500 Millionen Jahren, das Land zu besiedeln. Aus diesen ersten Landpflanzen, die noch den Grünalgen ähnelten, entwickelten sich die Verwandtschaften, die heute vorherrschen. Mehrere Evolutionsschritte gipfelten in der Entwicklung der Angiospermen, die den Großteil der heutigen Gartenpflanzen darstellen. Das Wissen über diese Entwicklung hilft beim Erkennen der Hauptgruppen von Gartenpflanzen.

Austrocknung vermeiden

Ein Hemmnis für die Besiedelung des Landes durch Pflanzen war Wasser. Die ersten Pflanzen hatten noch keine Wurzeln und konnten kein Wasser transportieren. Sie waren also auf dauerfeuchte Standorte beschränkt. Aus diesen Vorfahren entwickelten sich die Moose (Lebermoose und Hornmoose), die auch heute noch an feuchten Orten wachsen, beispielsweise an Teichrändern, auf Schattenrasen oder auf der Oberfläche von Kübelsubstrat. Sie gehören zur Abteilung Bryophyten und besitzen weder echte Wurzeln noch Leitgefäße. Stattdessen nehmen sie mit allen Teilen Wasser auf. Heutige Moose gedeihen nur bei hoher Feuchtigkeit. Sie können fast vollständig austrocknen und dennoch überleben.

Marchantia polymorpha,
Brunnenlebermoos

Equisetum sylvaticum,
Wald-Schachtelhalm

Selaginella martensii (Moosfarn) bildet kriechende Sprosse und breitet sich an feucht-schattigen Standorten aus.

Die ersten Pflanzen, die Wasser von den Wurzeln durch ihre Sprossachsen transportieren konnten, erschienen vor etwa 430 Millionen Jahren. Ihr Gefäßsystem war ein großer evolutionärer Schritt, der immerhin das Problem der Wasserversorgung löste. Diese Pflanzen konnten auch trockenere Standorte besiedeln und außerdem höher werden als die winzigen Moose. Sie konnten tragfähiges Gewebe für den aufrechten Wuchs bilden und eine gewisse Austrocknung überstehen, ohne zu welken, denn Wasser, das aus den Zellen verloren ging, wurde durch das Gefäßsystem ergänzt.

Die Entwicklung des Gefäßsystems führte zur Entstehung der ersten holzigen Pflanzen. Vor etwa 380 Millionen Jahren wuchsen auf der Erde riesige, bis 50 Meter hohe Bäume. Sie sind ausgestorben, doch ihre Nachkommen wie Bärlapp und Schachtelhalm existieren bis heute.

Rekonstruktion eines Calamiten (rechts) anhand von Fossilfunden. Er ist ein ausgestorbener Vorfahr der heutigen Schachtelhalme *(Equisetum)*.

Moderne Blätter

Ein weiterer Meilenstein der Evolution war die Entwicklung von Blättern. Moose und Bärlappgewächse hatten noch keine Blätter oder allenfalls sehr kleine, primitive Sprossanhänge mit nur einer Mittelader (Mikrophyll). Solche einfach gebauten Gebilde, die bis 1 Meter lang werden konnten, trugen auch die ersten Bäume. Vor etwa 400 Millionen Jahren entwickelten sich Pflanzen mit gegabelten Sprossachsen und dazwischen liegendem Gewebe. Diese Blattgebilde nennt man Megaphyll. Weil das Megaphyll Halt durch die Sprossachsen hatte, konnte es größer werden als das primitive Mikrophyll. Eine größere Zahl von Gefäßen versorgte es mit Feuchtigkeit.

Wahrscheinlich entwickelten in dieser Epoche verschiedene Pflanzengruppen unabhängig voneinander solche Makrophylle. Von einer dieser Vorfahrenlinien stammen die Farne ab, die vor etwa 360 Millionen Jahren entstanden.

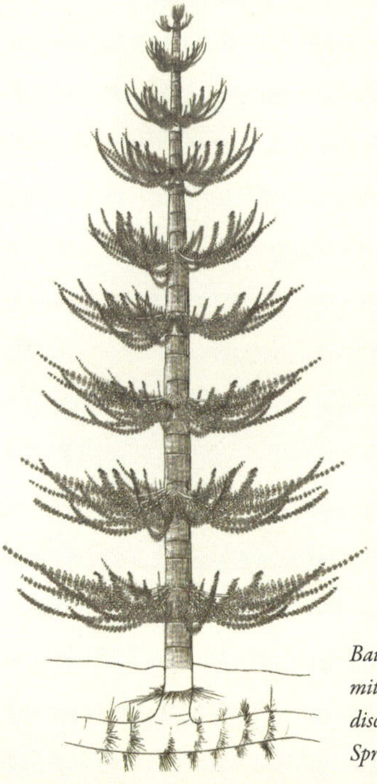

Baumartige Pflanze mit einem unterirdisch kriechenden Spross (Rhizom).

Fortpflanzung

Durch die Kombination von Gefäßen und größeren Blättern waren Pflanzen nicht mehr nur auf feuchte Standorte beschränkt. Dieser Faktor hatte ihre Verbreitung gehemmt. Farne tragen auf der Unterseite ihrer Blätter Fortpflanzungsorgane (Sori), in denen Sporen reifen. Diese werden vom Wind verteilt und keimen, wenn sie auf geeigneten Boden fallen. Zunächst erscheint ein fleischiges, grünes Gebilde, das Prothallium. Dieses hat noch eine gewisse Ähnlichkeit mit Lebermoosen. Das Prothallium bildet Spermien, die durch die Bodenfeuchte schwimmen und die Eizellen eines anderen Prothalliums befruchten. Sie können nur bei ausreichender Feuchtigkeit schwimmen, doch dieses Problem wurde durch die Entwicklung von Sporen in zwei verschiedenen Größen verringert. Große Sporen verblieben in speziellen Strukturen auf den Blättern, keimten dort und schützten das Prothallium vor Austrocknung. Kleine Sporen wurden dagegen vom Wind ausgebreitet und keimten nur, wenn sie große Sporen erreichten, denn in der schützenden Struktur konnten die Spermien schwimmen. Nach der Befruchtung bildete sich aus der großen Spore und ihrer schützenden Hülle ein Same. Die ersten Samenpflanzen entwickelten sich vor etwa 350 Millionen Jahren. Die Samen entstanden auf Blättern, die im Lauf der Zeit zu Schuppen umgebildet wurden. Die Schuppen wiederum bildeten Zapfen. Gymnospermen, zu denen viele bekannte Koniferen gehören, bilden ihre Samen in Zapfen.

Sporangium (Sporenkapsel)

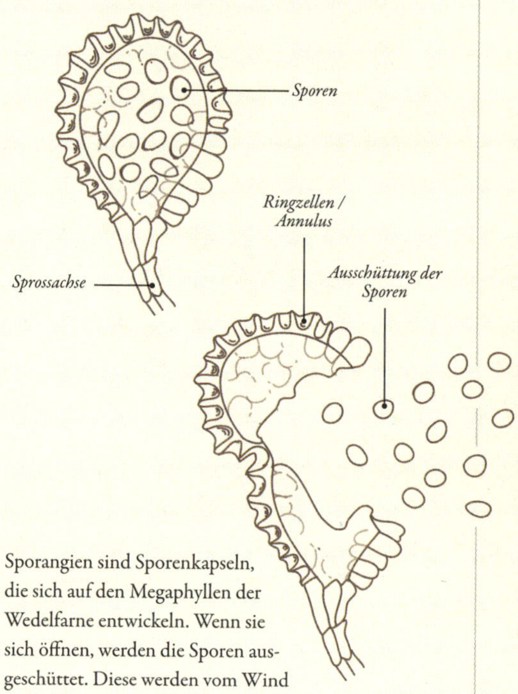

Sporangien sind Sporenkapseln, die sich auf den Megaphyllen der Wedelfarne entwickeln. Wenn sie sich öffnen, werden die Sporen ausgeschüttet. Diese werden vom Wind ausgebreitet, keimen bei Feuchtigkeit und bilden ein Prothallium, das einem Lebermoos ähnelt.

Marattia laxa
Farne bilden in den Sporangien (Sporenkapseln) auf ihren Blattunterseiten staubfeine Sporen. Die Sporangien können gleichmäßig über die Blattfläche verteilt sein oder kleine, leicht erhabene Gruppen (*Sori*, siehe Abbildung) bilden.

Viele Gymnospermen bilden Zapfen, die ihre Samen schützen. Hier der Zapfen der Kiefernart *Pinus gerardiana*. Vermutlich haben sich die Schuppen der Zapfen aus sporentragenden Blättern entwickelt.

Blüten

Über 200 Millionen Jahre lang beherrschten Farne, Gymnospermen und andere heute ausgestorbene Pflanzen das Vegetationsbild der Erde. Sie bildeten eine bedeutende Grundlage für die Entwicklung der Dinosaurier. Eine wichtige Pflanzengruppe gab es damals aber noch nicht. Fossilfunden zufolge tauchten die ersten Blütenpflanzen plötzlich vor etwa 130 Millionen Jahren auf. Große und kleine sporenbildende Strukturen waren zu einem Gesamtgefüge geworden und hatten zur Entstehung der Blüte geführt, dem letzten Meilenstein in der Entwicklung der heutigen Pflanzen. Blätter, die große Sporen trugen, entwickelten sich weiter und bildeten nunmehr eine schützende Hülle. Dieses Gebilde nennt man heute Ovarium. Blätter, die kleine Sporen trugen, wurden kleiner und bildeten schließlich Staubgefäße. Andere Blätter umgaben Ovarium und Staubgefäße und boten zusätzlichen Schutz. Aus diesen entwickelten sich Kelchblätter und Kronblätter (Petalen).

Das plötzliche Auftauchen der Angiospermen (Blütenpflanzen, siehe Seite 20–22) in der Kreidezeit war den Botanikern lange ein Rätsel. Darwin selbst bezeichnete das relativ schnelle Auftauchen der Blütenpflanzen als «unglaubliches Geheimnis» und vermutete, dass sich die Angiospermen schon viel früher auf einem inzwischen verschwundenen Kontinent auf der südlichen Halbkugel entwickelt hatten. Das Fehlen von Fossilfunden erklärte er dadurch, dass ein entsprechender Fossilbericht eben nicht bekannt sei. Heute wissen wir, dass sich die Evolution nicht in gleichmäßigem Tempo vollzieht. Das Auftauchen der Angiospermen geschah zeitgleich mit der Entstehung von Insektenarten, die für die Bestäubung sorgten. Die Insekten begünstigten somit die schnelle Entwicklung von Angiospermen-Familien, indem sie aktiv deren Erbmaterial verbreiteten.

Unabhängig von den Entstehungsgründen haben sich die Blütenpflanzen erfolgreich durchgesetzt und machen heute etwa 95 Prozent der Gefäßpflanzen – und damit auch der Mehrheit unserer Gartenpflanzen – aus.

Illicium anisatum,
Japanischer Sternanis
Die meisten Blüten haben grüne Kelchblätter zum Schutz der Knospe und farbige Blätter, um Insekten anzulocken. Beim Sternanis und vielen frühen Angiospermen, darunter Seerosen und Magnolien, sehen Kelch- und Kronblätter noch ähnlich aus.

Farne – Wedel und Geigenschnecken

Die meisten Gärtner haben beim Stichwort «Farn» ein klares Bild vor Augen: dreieckige, tief eingeschnittene Blätter wie beim Adlerfarn *(Pteridium aquilinum).* Aber was genau sind Farne? Mit dieser Frage beschäftigen sich zurzeit die Pflanzensystematiker. Grundsätzlich sind zumindest die Wedelfarne Gefäßpflanzen mit Blättern (Wedeln) und vermehren sich durch staubfeine Sporen.

Pteridium aquilinum, **Adlerfarn**

Nicht alle Farnpflanzen sehen aus wie der Adlerfarn. Die Schachtelhalme *(Equisetum)* beispielsweise, die wegen ihrer DNA dieser Pflanzengruppe zugeordnet werden, sind ein gutes Beispiel für ihre Vielfalt. Dasselbe gilt für andere Familien wie die tropischen Riesenfarne (Marattiaceae), die Gabelblattgewächse (Psilotaceae) und die kleinen Natternzungengewächse (Ophioglossaceae). Diese frühen Gruppen machen nur drei Prozent aller Farne aus. Die übrigen, die modernen Farne, sind für den Garten am wertvollsten.

Farnwälder

Die ersten Farnpflanzen tauchten im späten Devon (vor 360 Millionen Jahren) auf. Unsere heutigen Farne sind jedoch viel jünger: Erkennbare Gruppen bildeten sich vom Ende des Jura (vor 150 Millionen Jahren) heraus. Als sich die Blütenpflanzen ausbreiteten, fanden die Farnpflanzen ihre Nische im Schatten der Angiospermen-Wälder. Viele Arten entwickelten sich, und heute findet man sie an verschiedensten Standorten, sogar unter Wasser, im Hochgebirge und in trockenen Wüsten.

Es gibt heute etwa 9100 Arten Wedelfarne. Eines ihrer Merkmale ist die Art, wie sich ihre jungen Blätter aus einer Schnecke wie im Wirbel-

Braunstieliger Streifenfarn (*Asplenium trichomanes,* links) und Schwarzstieliger Streifenfarn (*A. adiantum-nigrum,* rechts) bilden, wie alle Mitglieder der Familie Aspleniaceae, die Sporen in länglichen Sori auf den Unterseiten der Wedel.

kasten einer Geige entrollen. Die Blätter selbst können sehr unterschiedlich aussehen – von ungeteilt bis vielfach geteilt und spitzenzart. Die Sporangien, in denen die Sporen gebildet werden, befinden sich gewöhnlich auf den Blattunterseiten. Bei einigen Arten sind die Sporangien gleichmäßig verteilt, bei anderen bilden sie kleine Gruppen (Sori, Sg. Sorus). Die Blätter entspringen aus einem Rhizom (unterirdischer Spross), das kurz und kompakt oder lang gestreckt sein kann. Bei Baumfarnen bildet dieser Spross einen aufrechten Stamm, bei anderen wächst er waagerecht auf (oder unter) der Erde oder hält sich am Ast eines Baums fest.

Ophioglossum nudicaule,
Natternzunge

Dryopteris filix-mas,
Wurmfarn
Die jungen Blätter oder Wedel vieler Farne sind schneckenförmig aufgerollt. Die meisten Angehörigen der Familie Dryopteridaceae bilden kreisrunde Sori, die von einem schirmförmigen Gebilde, dem Indusium, geschützt werden.

VERWENDUNG IM GARTEN

Den Farnen ist in diesem Buch kein eigenes Kapitel gewidmet, weil ihre Klassifizierung teilweise ungeklärt ist. Viele Farnarten fühlen sich im Wald wohl, beispielsweise die Gattungen *Adiantum*, *Dryopteris* und *Polystichum*. Sie eignen sich auch ausgezeichnet für schwierige, trockenschattige Gartenbereiche unter Bäumen. Wüchsige Arten wie Grannen-Schildfarn *(Polystichum setiferum)* oder Frauenhaarfarn *(Adiantum aethiopicum)* benötigen feuchten Boden. Kleine Streifenfarne *(Asplenium)* wachsen in Pflasterfugen und Mauerritzen. Stattliche Baumfarne *(Dicksonia)* sehen exotisch aus, benötigen aber ein mildes Klima. Geweihfarne *(Platycerium)* sind ein interessanter Blickfang. Die meisten Farne bevorzugen Teilschatten und regelmäßige Wassergaben. Sie lassen sich in viele Gartenstile gut integrieren.

Gymnospermen

Die entwicklungsgeschichtlich ältesten heute noch existierenden Blütenpflanzen sind die Gymnospermen. Der Name bedeutet «Nacktsamer». Während die Samen von höheren Blütenpflanzen von einer Fruchthülle umgeben sind, haben die Samen der Gymnospermen keine Umhüllung. Sie sitzen meist auf den Schuppen eines Zapfens. Viele Millionen Jahre lang waren die Gymnospermen die vorherrschende Pflanzengruppe. Noch heute bilden sie einen wichtigen Anteil der Wälder in aller Welt.

Die Koniferen bilden die größte Gruppe der heute existierenden Gymnospermen. Zu ihnen gehört der höchste Baum der Welt (*Sequoia sempervirens*, Küstenmammutbaum), der dickste (*Sequoiadendron giganteum*, Riesenmammutbaum), der mit der größten Krone (*Taxodium mucronatum*, Mexikanische Sumpfzypresse) und der älteste (*Pinus longaeva*, Langlebige Kiefer). Der boreale Nadelwald umspannt die Erde von Alaska bis Sibirien, unterbrochen nur vom Atlantischen Ozean, und bildet nach den Weltmeeren den zweitgrößten zusammenhängenden Lebensraum.

SAMENANLAGE EINER GYMNOSPERME

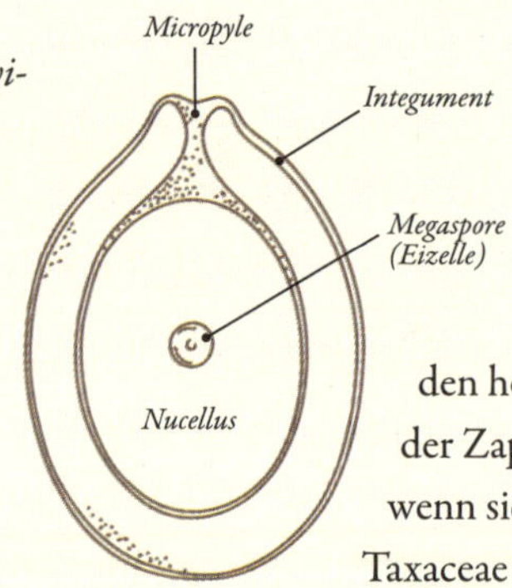

Im Gegensatz zu den Blütenpflanzen (siehe Seite 20) ist bei den Gymnospermen die Samenanlage nicht von einem Fruchtknoten umgeben.

Koniferen

Zu den Koniferen gehören sechs Familien mit fast weltweiter Verbreitung. Meist handelt es sich um holzige Bäume oder Sträucher mit nadel- oder schuppenförmigen Blättern. Einige tropische Arten haben aber statt Nadeln größere Blätter. Die meisten sind immergrün, nur wenige werfen ihre Nadeln ab, darunter Lärchen und Sumpfzypressen. Die Samen werden an den holzigen oder ledrigen Schuppen der Zapfen gebildet und freigesetzt, wenn sich diese öffnen. Bei den Familien Taxaceae und Podocarpaceae sind die Zapfen stark reduziert und die Schuppen zu fleischigen, beerenartigen Strukturen umgebildet. Von den sechs Koniferenfamilien werden fünf in diesem Buch vorgestellt. Die sechste, Sciadopityaceae, umfasst nur eine Art, die Schirmtanne *(Sciadopitys verticillata)* oder Koyamaki.

Sequoiadendron giganteum,
Riesenmammutbaum
Dieser riesige Baum aus Kalifornien kann eine Höhe von fast 100 Metern und einen Stammumfang von über 30 Metern erreichen.

Ginkgo biloba
Ginkgobaum

Cycas rumphii,
Sagopalmfarn
Entfernt man die Blattwedel, ist der pollenbildende Zapfen eines männlichen Palmfarns (rechts) gut zu erkennen.

lange, ledrige Blätter, die während des gesamten Lebens der Pflanze wachsen. Obwohl von einer großen und artenreichen Gruppe nur noch wenige Gattungen übrig sind, haben die Gymnospermen erfolgreich überlebt. Vor allem Koniferen eignen sich gut für den Garten, weil sie pflegeleicht und langlebig sind und einen guten Blickfang bilden.

Andere Gymnospermen

Die zweitgrößte Gruppe der Gymnospermen sind die Palmfarne. Diese palmenähnlichen Bäume sehen ganz anders aus als typische Koniferen, aber auch sie tragen die Samen in Zapfen, die sich im Zentrum des Blattschopfs bilden. Aus der dritten Gruppe der Gymnospermen ist der beliebte *Ginkgo biloba* die einzige überlebende Art. Früher war er weit verbreitet, heute ist er in freier Natur wahrscheinlich ausgestorben. In die vierte Gruppe der Gymnospermen fallen drei sehr verschiedene Familien, die für den Garten kaum von Bedeutung sind. Die Meerträubelgewächse (Ephedraceae) mit der einzigen Gattung *Ephedra* sind nahezu blattlose Wüstensträucher, aus denen der Wirkstoff Ephedrin (zur Asthmabehandlung) gewonnen wird. Die Familie Gnetaceae umfasst nur die Gattung *Gnetum,* tropische Bäume, Sträucher und Kletterpflanzen. Zu den Welwitschiaceae gehört nur eine bizarre Art, die in der Wüste Namib heimisch ist. *Welwitschia mirabilis* trägt auf einem gedrungenen, holzigen Stamm nur zwei

Gnetum gnemon

Welwitschia mirabilis
Diese einzigartige Wüstenpflanze hat nur zwei Blätter, welche lebenslang wachsen.

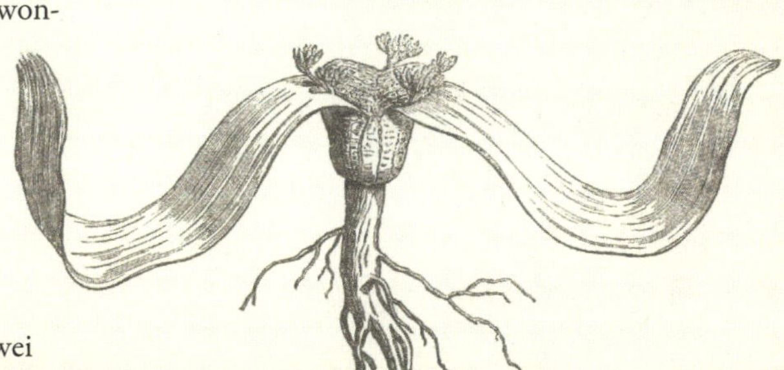

Angiospermen

Heute sind Blütenpflanzen als Nahrungs- und Gartenpflanzen von größter Bedeutung. Ihre Vorherrschaft verdanken sie der Blüte, denn dieses sehr anpassungsfähige Organsystem kann die Entwicklung neuer Arten begünstigen. Wenn sich beispielsweise bei einer Handvoll Pflanzen aus einer Population die Blütenfarbe ändert, werden sie wahrscheinlich neue Bestäuber anlocken. Diese fliegen möglicherweise nicht die Blüten in der ursprünglichen Farbe an. So wird Pollen mit den Genen der Pflanze nicht mehr zwischen den anfänglichen Blütenfarben ausgetauscht, und letztlich entwickeln sich beide zu separaten Arten. So ist die heutige Artenvielfalt entstanden.

Blütenvielfalt

Die enorme Vielfalt der Blüten geht sicherlich darauf zurück, dass diese sich an unterschiedliche Bestäubungsmethoden angepasst haben. Pflanzen können durch Insekten, Reptilien, Vögel, Fledermäuse, Primaten, den Wind und sogar fließendes Wasser bestäubt werden. Manche werden nur von speziellen Bienen- oder Schmetterlingsarten angeflogen, andere öffnen sich für eine Reihe verschiedener Tiere.

SAMENANLAGE EINER ANGIOSPERME

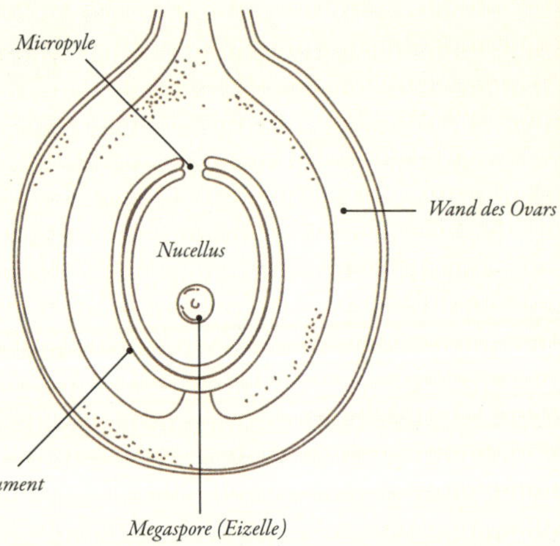

Die Samen blühender Pflanzen werden in einem schützenden Ovar gebildet, aus dem sich später die Frucht entwickelt.

Lilium maculatum

Die bis zu einem Meter großen Blüten der indonesischen Riesenrafflesie *(Rafflesia arnoldii)* riechen nach Aas und locken so hauptsächlich Fliegen zur Bestäubung an. Das andere Extrem ist *Wolffia*, die zu den Wasserlinsengewächsen gehört. Die einzelnen Pflanzen sind weniger als einen Millimeter klein und blühen selten.

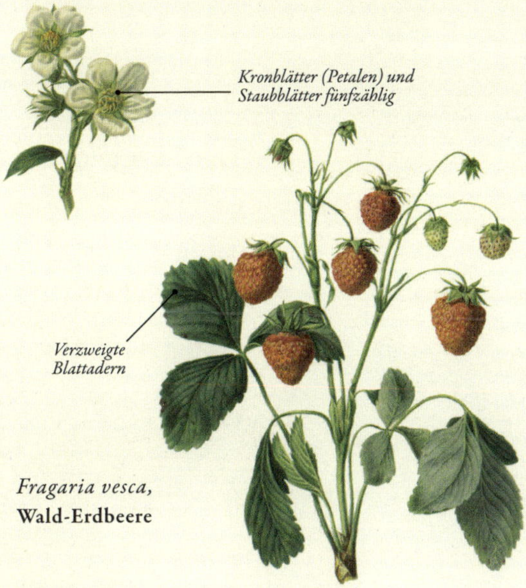

Fragaria vesca,
Wald-Erdbeere

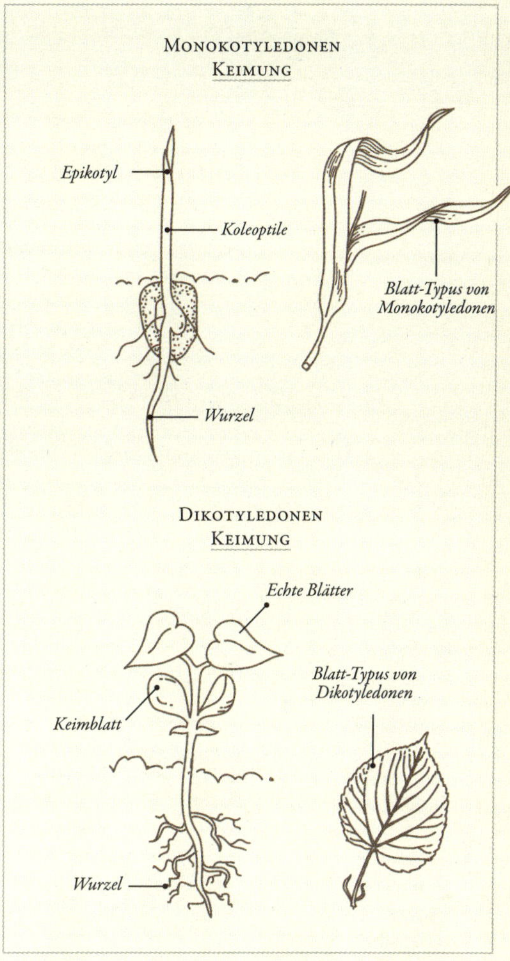

Die Keimblätter (Kotyledonen) sind ein Teil des pflanzlichen Embryos. Bei Dikotyledonen erscheinen sie vor den ersten echten Blättern. Bei den Monokotyledonen bleiben sie im Samen.

Monokotyledonen und Dikotyledonen

Traditionell wurden die bedecktsamigen Blütenpflanzen in zwei Gruppen eingeteilt: Monokotyledonen (Einkeimblättrige) und Dikotyledonen (Zweikeimblättrige). Zu den Monokotyledonen, etwa 15 Prozent der Angiospermen, gehören wichtige Familien wie Gräser, Palmen, Lilien und Orchideen. In ihrem Samen ist nur ein einzelnes Keimblatt (Cotyledo) angelegt. Die Blätter sind normalerweise parallel geädert und die Blüten (Kronblätter, Staubblätter etc.) dreizählig.

Die meisten Monokotyledonen sind krautig, weil ihre Leitbündel zerstreut angeordnet sind. Daher kann kein sekundäres Dickenwachstum stattfinden. Nur Palmen und einige andere wachsen baumähnlich. Unter den Dikotyledonen hingegen gibt es viele Baumarten. Deren Leitbündel sind in Ringen angeordnet, anhand derer man das Alter eines Baums bestimmen kann. Die Dikotyledonen machen die restlichen 85 Prozent der Blütenpflanzen aus. In ihrem Samen sind jeweils zwei Keimblätter angelegt, die bei der Keimung gut zu erkennen sind. Die Blattadern sind verzweigt, und die Blüten meist vier- oder fünfzählig.

DNA-Analysen haben ergeben, dass die Monokotyledonen eng miteinander verwandt sind und von einem gemeinsamen Vorfahren abstammen. Das gilt nicht für die Dikotyledonen. Darum wurden zwei Gruppen, die basalen Angiospermen (Prodikotylen bzw. Prodikots mit den Magnoliidae, siehe Seite 22) aus den Dikotyledonen abgegrenzt und den verbleibenden die Bezeichnung Eudikotyledonen gegeben.

Monokotyledonen

Mit dem Anbau von Getreide hat sich der Ackerbau unabhängig auf mehreren Kontinenten entwickelt. Die Menschen sammelten in der Natur Früchte (Karyopsen) von Gräsern wie Weizen, Reis und Mais und selektierten allmählich nach Größe, Qualität und Einfachheit der Ernte. Heute werden die Nachkommen dieser Wildgräser – Weizen, Reis, Mais, Gerste und Hafer – fast weltweit angebaut und als Nahrungspflanzen für Menschen und Tiere transportiert. Diese Monokotyledonen nehmen Milliarden von Hektar besten Bodens ein. Auch andere Monokotyledonen sind als Nahrungslieferanten von Bedeutung, beispielsweise Bananen, Datteln, Kokosnüsse, Ölpalmen, Zuckerrohr, Ingwer und Vanille.

Nymphaea candida,
Kleine Seerose

Basale Angiospermen und Magnoliiden

Schon vor der Entwicklung von Monokotyledonen und Dikotyledonen haben sich einige Pflanzenfamilien abgespalten. Dies sind die basalen Angiospermen (Unterklasse Magnoliidae) mit den Ordnungen Amborellales, Nymphaeales und Austrobaileyales. Zur ersten Ordnung gehört nur die Art *Amborella trichopoda*, ein unscheinbarer Baum, der nur in Neukaledonien vorkommt und sich wahrscheinlich zuerst vom Stammbaum der Angiospermen abgespalten hat. Zur zweiten Ordnung gehören die Seerosen und ihre Verwandten. Die dritte ist nach der tropischen Kletterpflanze *Austrobaileya scandens* benannt und umfasst auch den Sternanis *(Illicium verum)* und das Spaltkörbchen *(Schisandra chinensis).*

Diesen drei Ordnungen folgte eine vielfältige Gruppe von 17 Familien, eben der Rest der Magnoliiden. Bekannte Vertreter sind Magnolien

Triticum aestivum,
Weichweizen
Weichweizen, auch Brot- oder Saatweizen genannt, wurde zuerst im Nahen Osten kultiviert und wird heute weltweit angebaut.

(Magnoliaceae), Lorbeer (Lauraceae), Pfeffer (Piperaceae) und Osterluzei (Aristolochiaceae). Obwohl die basalen Ordnungen traditionell den Dikotyledonen zugeordnet werden, besitzen sie auch Merkmale der Monokotyledonen. Seerosensamen enthalten beispielsweise nur ein Keimblatt, Annonen (Annonaceae) und Pfeifenwinden (Aristolochiaceae) haben dreizählige Blüten. Die Blüten von Magnoliiden haben zahlreiche Tepalen (Kron- und Kelchblätter mit ähnlichem Aussehen) und Staubblätter mit unscheinbaren Antheren und Filamenten.

Arum maculatum, **Gefleckter Aaronstab**

Entwicklung der Monokotyledonen

Von den Monokotyledonen gibt es nur wenige Fossilien, weil diese nicht verholzenden Pflanzen verrotten, statt zu versteinern. Von den Palmen, die härtere Stämme und Blätter als andere Monokotyledonen haben, wurden dagegen Fossilien gefunden, die etwa 90 Millionen Jahre alt sind. Fossile Pollen von Aronstabgewächsen (Araceae) wurden auf 120 bis 100 Millionen Jahre datiert. Den basalen Zweig der Monokotyledonen nimmt die kleine Gattung Kalmus (Familie Acoraceae) ein, die in Sumpf- und Flachwassergebieten wächst. Auch der nächsten Ordnung gehören Feuchtzonenpflanzen wie Blumenbinsen (Butomaceae), Froschlöffel (Alismataceae), Seegras (Zosteraceae) und Wasserähren (Aponogetonaceae). Darum vermuten manche Botaniker, dass sich die Monokotyledonen aus wasser- und sumpfbewohnenden Vorfahren entwickelt haben. Dafür gibt es aber nur wenige fossile Belege.

Obwohl die Monokotyledonen weniger als ein Viertel aller Blütenpflanzen ausmachen, ist ihre wirtschaftliche Bedeutung beachtlich. Außerdem bringen sie rund ums Jahr Farbe in den Garten – von Narzissen, Lilien und Orchideen über die attraktiven Blätter von Gräsern und Funkien bis zur Blickfangwirkung von Bananen, Palmen und Yucca.

Acorus calamus, **Kalmus**

Eudikotyledonen

In Gärten sieht man vorwiegend Eudikotyledonen. Sie machen drei Viertel aller Bedecktsamer aus, beherrschen viele Ökosysteme auf der Erde und liefern Nahrung, Nutzfasern und Holz. Von den fünf größten Pflanzenfamilien der Erde gehören drei zu den Eudikotyledonen: Asteraceae (Korbblütler, die größte), Fabaceae (Hülsenfrüchtler, die drittgrößte) und Rubiaceae (Rötegewächse wie Kaffee, die viertgrößte). Angesichts der Artenvielfalt sind gemeinsame Merkmale schwer zu benennen. Die meisten haben aber verzweigte Blattadern und vier- oder fünfzählige Blüten.

Wie bei den Monokotyledonen ist auch hier der erste Zweig des Stammbaums eine Wasserpflanze – Hornkraut *(Ceratophyllum demersum),* das als Sauerstofflieferant für Teiche geschätzt wird. Es ist die einzige Gattung in der Familie, und die winzigen Blüten stehen im Kontrast zu Rosen, Sonnenblumen und anderen auffälligen Blüten, die sich aus dem gemeinsamen Ahnen entwickelt haben.

Leucanthemum vulgare, **Magerwiesen-Margerite**

Superrosiden

Die nächsten Zweige des Stammbaums umfassen die 15 Familien der basalen Eudikotyledonen. Zu ihnen gehören Berberitzen (Berberidaceae), Hahnenfuß (Ranunculaceae) und Mohn (Papaveraceae). Diese Familien haben oft Merkmale mit früheren Gruppen gemeinsam, beispielsweise zahlreiche Staubblätter oder Fruchtknoten, die aus einem oder mehreren Fruchtblättern bestehen. Hier gabelt sich der Stammbaum, und die restlichen Familien (der Großteil der Eudikotyledonen) verteilt sich auf zwei Zweige. Einer umfasst die Superrosiden mit 119 Familien, der andere die Superasteriden mit 115 Familien. Jede der beiden Gruppen ist nach

Bohnen wie *Phaseolus coccineus* (Feuerbohne) gehören zur großen Familie der Hülsenfrüchtler (Fabaceae), die auch Erbsen, Lupinen, Klee und Goldregen umfasst. Sie ist die drittgrößte Pflanzenfamilie der Erde.

einer charakteristischen Familie benannt, und jede umfasst etwa ein Drittel der heute lebenden Angiospermen.

Zu den Superrosiden gehören viele Familien mit gärtnerischer Bedeutung, darunter Hülsenfrüchtler (Fabaceae), Rosen- (Rosaceae), Malven- (Malvaceae), Birken- (Betulaceae), Begonien- (Begoniaceae) und Storchschnabelgewächse (Geraniaceae). Wie in allen großen Gruppen ist es schwierig, klare Charakteristika zu benennen, denn die Vielfalt ist groß. Ein typisches Merkmal sind Nebenblätter (Stipulae) am Ansatz des Blattstiels, allerdings treten sie nicht bei allen Angehörigen auf und sind andererseits auch bei Familien außerhalb dieser Gruppe (z. B. Rubiaceae) zu finden. Hinzu kommt, dass diese Stipulae nicht immer wie Blätter aussehen, sondern manchmal wie Drüsen, Härchen oder Stacheln. Wichtig ist, junge Blätter zu untersuchen, denn die Nebenblätter können mit der Zeit abgeworfen werden.

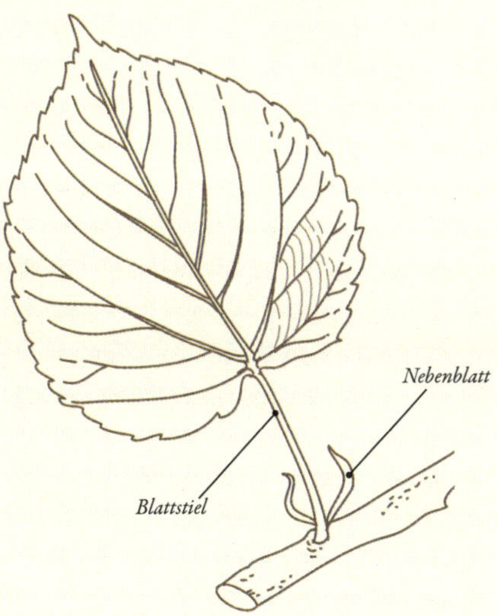

Nebenblätter sind Auswüchse am Ansatz des Blattstiels. Sie treten meist paarweise auf, auch in Form von Stacheln oder Drüsen.

Hibiscus mutabilis,
Mandel-Eibisch

Superasteriden

Die Superasteriden sind noch schwieriger zu definieren. Sie zerfallen in zwei Gruppen: Eine umfasst Familien, die mit den Nelken verwandt sind (Caryophyllaceae), die andere die Asteriden im engeren Sinn. Der Ordnung Caryophyllales gehören verschiedene Familien an, darunter Kakteen- (Cactaceae), Amaranth- (Amaranthaceae) und Knöterichgewächse (Polygonaceae) sowie mehrere Familien mit fleischfressenden Pflanzen (Droseraceae, Nepenthaceae). Meist haben sie ganzrandige (nicht gezähnt oder gelappte) Blätter (siehe Seite 33). Die Asteriden haben meist röhrenförmige Blüten mit einer reduzierten Zahl von Staubgefäßen, die sich immer innerhalb der Kronblattröhre befinden. Vertreter mit gärtnerischer Bedeutung sind Korbblütler (Asteraceae), Raublattgewächse (Boraginaceae), Hortensiengewächse (Hydrangeaceae), Lippenblütler (Lamiaceae) und Geißblattgewächse (Caprifoliaceae).

Identifikationsmerkmale von Pflanzen

Eine einfache Internet-Suchmaschine reicht nicht aus, um die subtilen Unterschiede zu ermitteln, die zur Bestimmung von Pflanzen nötig sind. Sinnvoller ist es, die eigene Beobachtungsgabe zu schulen.

Informationen sammeln

Sammeln Sie so viele Informationen wie möglich, vorzugsweise durch Fotos oder detaillierte Zeichnungen. Heutzutage muss man normalerweise keine Teile abbrechen. Sollte das im Einzelfall doch nötig sein, dann bitte nur mit Erlaubnis und im Rahmen der gesetzlichen Vorschriften.

Achten Sie auch auf Hinweise in der Umgebung. Steht die Pflanze im Schatten, am Meer, im Wasser, zwischen höheren oder kleineren Pflanzen? Im Wald, an einer Straße, in einem stillgelegten Steinbruch oder in einem Garten? Im Winter helfen heruntergefallene Blätter und Früchte beim Bestimmen laubabwerfender Bäume und Sträucher.

Passiflora caerulea, **Blaue Passionsblume**

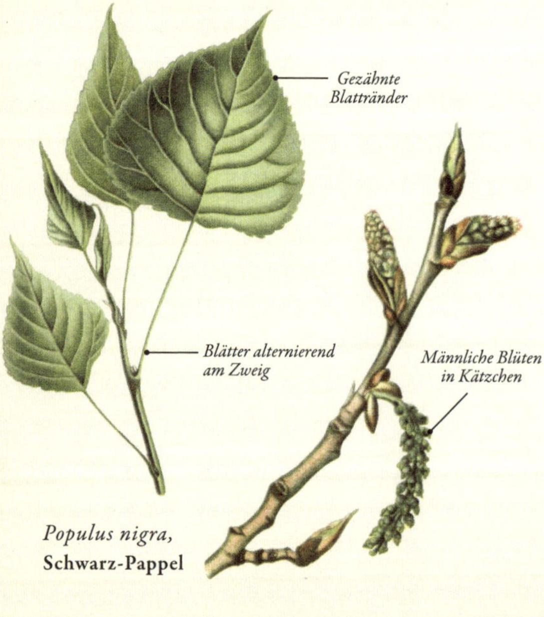

Populus nigra, **Schwarz-Pappel**

Pflanzen studieren

Pflanzen bestehen aus Wurzeln, Sprossachsen und Blättern. Vielleicht sehen Sie auch Blüten, Kätzchen, Zapfen oder Früchte, eventuell auch Details wie Knospen, Härchen, Ranken, Dornen, Stacheln oder eigentümliche Wurzeln. Nutzen Sie alle Sinne. Wie riecht die Pflanze? Fühlt sie sich glatt oder rau an?

Verlassen Sie sich nie auf ein einzelnes Merkmal. Dadurch wird die Bestimmung viel schwieriger, aber ein Einzelmerkmal muss nicht repräsentativ für die ganze Art sein. So kann beispielsweise die Blattform – wie beim Efeu – stark variieren.

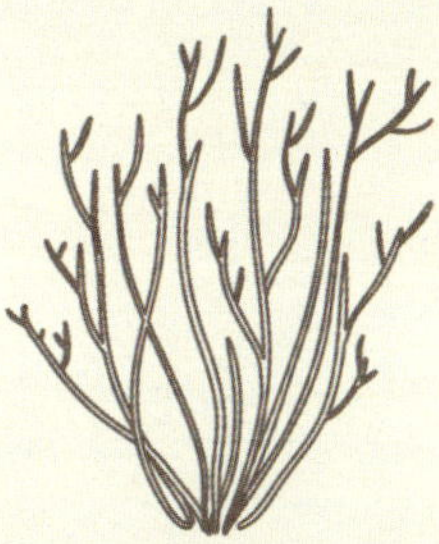

Sträucher haben mehrere Stämme.

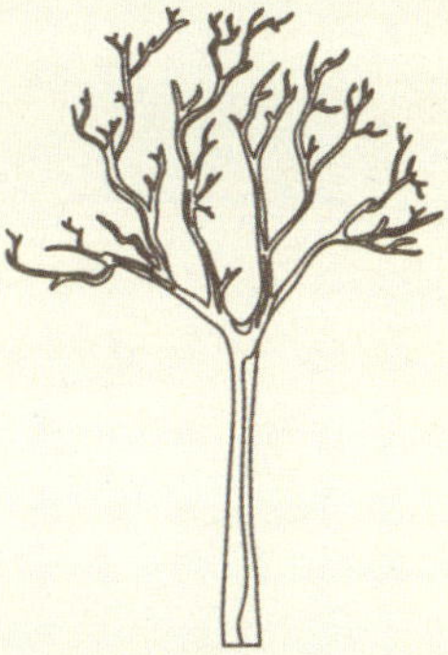

Ein Baum hat einen Stamm.

Wichtige Fragen

Beginnen Sie mit dem Offensichtlichen. Ist die Pflanze holzig, handelt es sich also um einen Baum oder Strauch? Wächst sie am oder im Wasser? Ist sie krautig (nicht verholzt), und wie groß ist sie? Gehört sie zu einer leicht erkennbaren Gruppe, etwa Farnen, Koniferen, Palmen, Orchideen oder Gräsern? Lassen Sie sich aber nicht in die Irre führen: Nicht alles, was wie Gras aussieht, gehört zu den Gräsern.

Pflanzen-Anatomie

Blätter sind nicht nur Blätter, und nicht alle «Blüten» sind Blüten. Zusammengesetzte Blätter bestehen aus Einzelblättern, also sehen Sie möglicherweise ein ganzes Blatt oder eines von mehreren Einzelblättern. Was auf den ersten Blick wie eine Blüte erscheint, könnte ein Blütenstand sein, der aus zahlreichen kleinen Einzelblüten besteht. Blütenstände können rispig wie bei Gräsern sein, ein Kolben wie bei Aronstabgewächsen, ein flacher Schirm wie bei den Doldenblütlern oder dicht gefügt wie bei Korbblütlern. Machen Sie sich mit den Begriffen, die auf den folgenden Seiten erklärt werden, gründlich vertraut.

An den großen, gefiederten Blättern und den Früchten ist *Juglans cinerea* (Butternuss, Weiße Walnuss) gut zu erkennen.

Allium karataviense (Blauzungen-Lauch) ist eine niedrige Lauchart, die wegen ihrer breiten, graugrünen Blätter und der kompakten Blütenstände als Gartenpflanze geschätzt wird.

Pflanzentypen

Pflanzen können anhand ihrer Familie, ihrer Lebensdauer (einjährig, zweijährig oder ausdauernd), ihrer Gewebestruktur (holzig oder krautig), ihres Lebensraums (Wasser, Wüste etc.) oder ihres Wachstums (Zwiebeln, Kletterpflanzen) klassifiziert werden. Es gibt viele verschiedene «Typen», mit denen ein Gärtner vertraut sein sollte.

Ein- und Zweijährige

Betrachtet man die Lebensdauer, sind Pflanzen entweder kurzlebig, einjährig, zweijährig oder ausdauernd. Kurzlebige Pflanzen können innerhalb weniger Wochen keimen, wachsen, Blüten bilden und sterben nach der Samenreifung ab. In freier Natur nutzen sie kurze Phasen günstiger Bedingungen in einer ansonsten feindseligen Umgebung. Einjährige wie die Duftwicke *(Lathyrus odoratus)* leben ein Jahr lang, Zweijährige wie der Fingerhut *(Digitalis purpurea)* zwei Jahre. «Ausdauernd» ist ein dehnbarer Begriff. Er bezieht sich auf alle Pflanzen, die drei oder mehr Jahre leben können – sowohl krautige als auch holzige, sowohl einen tausendjährigen Baum als auch eine relativ kurzlebige Schmuckstaude.

Lathyrus odoratus,
Duftwicke
Einjährige Kletterpflanze, die alljährlich im Winter ausgesät werden muss und im Sommer hübsche, duftende Blüten trägt.

Dianthus barbatus,
Bartnelke
Diese Pflanzen haben eine Lebenserwartung von zwei bis drei Jahren und werden darum als Einjährige oder kurzlebige Stauden kultiviert.

Krautige Pflanzen, Sträucher und Bäume

Die ausdauernden Pflanzen werden anhand ihrer Wuchsform weiter unterteilt, beispielsweise in krautige (nicht verholzende) Stauden, Bäume, Sträucher, Kletterpflanzen sowie Zwiebel- und Knollengewächse. Die große Menge der krautigen Stauden kann bei Bedarf wiederum in kleinere Gruppen unterteilt werden, beispielsweise anhand ihrer Blütezeit (früh, mittel oder spät), nach bestimmten Bodenvorlieben (sauer oder alkalisch), Lichtbedarf (Sonne oder Schatten) oder nach Familien.

Persicaria lapathifolia
Ampfer-Knöterich
Dieses einjährige Kraut wächst auf frisch umgebrochenem Boden und kann an manchen Standorten lästig werden.

Küste und Gebirge

Jeder Lebensraum der Erde hat seine typischen Pflanzen. So gibt es Sumpf- und Hochgebirgspflanzen, Küsten- und Waldbewohner, Wasserpflanzen, Xerophyten (Wüstengewächse) und wilde oder kultivierte Mesophyten (Pflanzen, die in normalem Boden mit ausreichender Feuchtigkeit wachsen) und weitaus mehr. Im Garten gedeihen Pflanzen nur erfolgreich, wenn der Standort ihren natürlichen Lebensbedingungen möglichst ähnlich ist.

Tillandsia fasciculata
Dieser Epiphyt aus den amerikanischen Tropen wächst ohne Erde auf den Ästen von Regenwaldbäumen. Wasser und Nährstoffe gewinnt er mithilfe seiner Blätter aus Regen, Tau, Staub und verrottenden Resten von Pflanzen und Tieren.

Geophyten, Phanerophyten, Epiphyten und Chamaephyten

Diese Gruppierung bezieht sich auf die Lebensformtypen von Pflanzen. Geophyten haben unterirdische Überdauerungsorgane wie Knollen, Zwiebeln oder Rhizome. Phanerophyten sind verholzende ausdauernde Bäume, Sträucher oder verholzte Kletterpflanzen. Epiphyten wachsen auf anderen Pflanzen, Orchideen beispielsweise auf Ästen von Bäumen. Chamaephyten sind ausdauernde Pflanzen, deren Überdauerungsorgane (Erneuerungsknospen) sich in Bodennähe befinden.

Wurzeln und Sprosse

Mithilfe von Sonnenenergie produzieren Pflanzen durch Photosynthese Kohlenhydrate und andere organische Stoffe als Nahrung und entziehen dem Boden Wasser und Mineralien. Um das zu ermöglichen, dringen ihre Wurzeln in die Erde ein, und die Stämme oder Sprosse heben die Blätter dem Sonnenlicht entgegen. Die Wurzeln verankern die Pflanzen außerdem im Boden.

Wurzeln

Es wäre unpraktisch und nicht im Sinne des Artenschutzes, eine lebende Pflanze anhand ihrer Wurzeln bestimmen zu wollen. Manchmal aber lassen sich Schlüsse ziehen, indem man den Boden im Wurzelbereich genau betrachtet, ohne die Pflanze auszugraben. Das erfordert allerdings einen geschulten Blick.

Wächst die Pflanze auf einem Fleck, oder breitet sie sich aus wie ein Wildkraut? Auch Bäume und Sträucher können dieses Wuchsverhalten zeigen. *Rhus typhina* (Hirschkolbensumach oder Essigbaum) beispielsweise bildet aus flachwachsenden Wurzeln zahlreiche Jungtriebe. Krautige Stauden bilden häufig Horste. Diese können kompakt sein (wie bei der Gattung *Helleborus*) oder sich schnell ausbreiten und «Satelliten» bilden wie bei der grannenlosen Scheinbergminze *(Pycnanthemum muticum)*. Zwischen diesen Extremen gibt es viele Abstufungen. Die Ausläufer des Wald-Ziests *(Stachys sylvatica)* verlaufen knapp unter der Erdoberfläche und können ganze Beete durchwuchern. Knollen- und Zwiebelgewächse sind leicht zu erkennen. Sie bilden meist im Frühjahr riemenförmige Blätter, blühen dann und ziehen danach das Laub ein – all das binnen weniger Wochen.

Mentha longifolia,
Ross-Minze

Helleborus niger,
Schwarze Nieswurz

Solanum tuberosum, **Kartoffel**

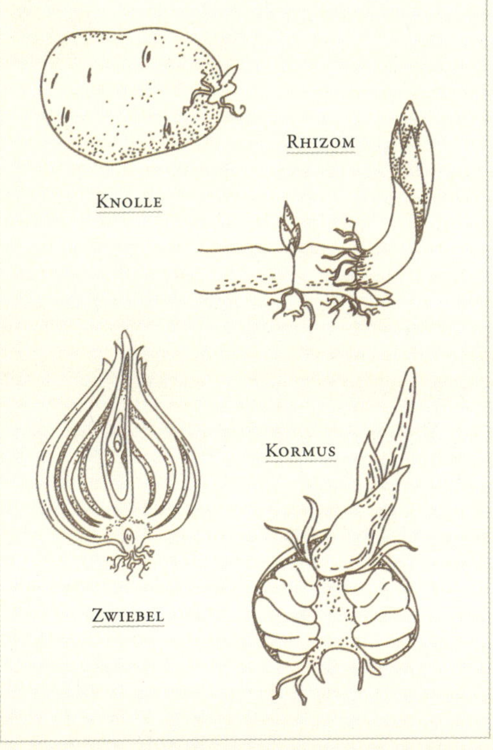

Stängel und Stamm

Nicht alle Pflanzen haben Stängel oder Stämme, aber die meisten zumindest ein Gebilde, das die Blüten oder die Blätter trägt. Stängel oder Stämme bilden das Hauptgerüst vieler Pflanzen. Manche sind vielfach verzweigt, andere bestehen nur aus einigen aufrechten oder niederliegenden Sprossachsen.

Bei der Bestimmung von Pflanzen muss zwischen holzigen und krautigen Sprossachsen unterschieden werden. Holzige Stämme können eigenständig stehen oder klettern, manchmal mithilfe von Luftwurzeln, Halteranken, Haken, Stacheln oder Dornen. Achten Sie auf Farbe, Struktur und Muster des Stamms oder auf die Farbe und Beschaffenheit der Rinde (rissig, korkig, abschilfernd etc.)

Die Sprosse krautiger Pflanzen sterben jährlich ab, um nach einer Ruhezeit wieder auszutreiben. Ist der Spross behaart, rau oder glatt, rund oder kantig? Zuletzt schneiden Sie die Sprossachse durch, um festzustellen, ob er hohl ist oder einen Saft absondert.

Rosa × centifolia, **Hundertblättrige Rose**

Blätter

Blätter fangen Energie in Form von Sonnenlicht ein und lassen die Pflanze «atmen». Winzige Öffnungen in der Blattoberfläche lassen Kohlenstoffdioxid, Sauerstoff und Wasserdampf durch. Diesen Vorgang nennt man Evapotranspiration. Das Erscheinungsbild von Blättern ist oft dem Lebensraum angepasst.

Blätter sind nicht nur für die Energiegewinnung und den Gasaustausch zuständig. Sie müssen Temperatur- und Feuchtigkeitsschwankungen aushalten und sind durch Pflanzenfresser bedroht. Um diese Aufgaben zu erfüllen, haben sich viele Blattformen und -größen entwickelt. Aus diesem Grund ist die Blattform ein hilfreiches Merkmal bei der Bestimmung von Pflanzen.

Pisum sativum,
Garten-Erbse
Die Blätter der Erbse sind gefiedert mit einem oder mehr Fiederpaaren und dünnen, verzweigten Blattranken, die sich um jede verfügbare Stütze schlingen.

Einfach oder zusammengesetzt?

Zuerst ist festzustellen, ob ein Blatt einfach oder geteilt ist – ob es also eine einheitliche Blattspreite besitzt oder aus mehreren kleinen Einzelblättern oder Fiedern besteht. Im einfachsten Fall können zusammengesetzte Blätter bifoliat sein, also aus zwei Fiedern bestehen (was jedoch selten vorkommt). Trifoliate Blätter (drei Fiedern) sind häufiger, z. B. beim Klee *(Trifolium)*. Blätter können handförmig geteilt sein (palmat) oder einen federartigen Aufbau mit paarweise an der Mittelachse angeordneten Fiedern haben (pinnat). Manchmal sind die Fiedern nochmals geteilt, und manchmal finden sich am Blattansatz Nebenblätter (siehe Seite 25). Es gibt viele Fachbegriffe zur Beschreibung der einzelnen Blattformen. Einfache Blätter können bis zu einem gewissen Grad gelappt oder eingeschnitten sein, haben aber immer eine einheitliche Spreite. Beispiele sind die elliptischen Blätter von Lorbeer *(Laurus)*, die dreieckigen, gelappten Blätter des Efeus *(Hedera)*, die stängelumfassenden Blätter des Geißblatts *(Lonicera)* und die Nadeln der Kiefer *(Pinus)*.

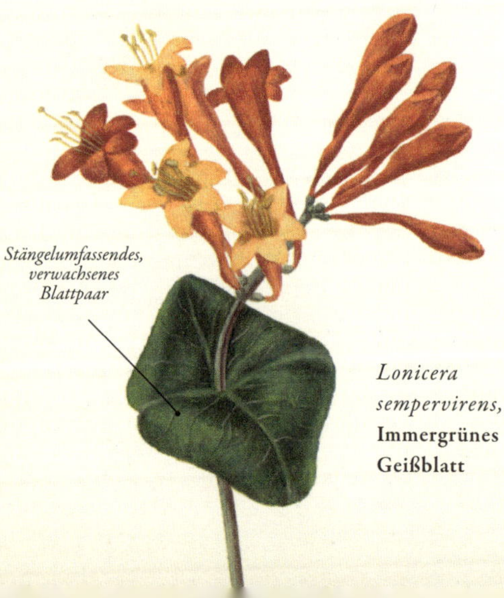

Lonicera sempervirens,
Immergrünes Geißblatt

Die trifoliaten Blätter von *Trifolium repens* (Weiß-Klee)

Palmate (handförmige) Blätter von *Aesculus flava* (Gelbe Rosskastanie)

Pinnate (gefiederte) Blätter von *Fraxinus americana* (Weiß-Esche)

Gelappte, an den Lappen gekerbte Blätter von *Aquilegia vulgaris* (Gewöhnliche Akelei)

Basalrosette aus rhombenförmigen Blättern von *Micranthes hieracifolia*

Blattränder

Neben der Blattform selbst ist auch der Blattrand ein wichtiges Unterscheidungsmerkmal. Er kann gesägt oder stachelig sein, gelappt oder wellig. Ist er ganz glatt, spricht man von einem ganzrandigen Blatt. Außerdem gibt es eine Vielzahl gradueller Unterschiede. Ein Zackenrand kann beispielsweise als serrat (gesägt), fein oder doppelt serrat, als dentat (gezähnt) oder denticulat (fein gezähnt) beschrieben werden. All das gilt auch für die Ränder von Fiederblättern.

Wechselständig, gegenständig oder wirtelig?

Die Blätter von Pflanzen sind so angeordnet, dass sie möglichst viel Licht bekommen, ohne andere Blätter zu beschatten. Dies ist ein leicht erkennbares Merkmal. Normalerweise sind die Blätter entweder wechselständig oder gegenständig angeordnet. Eine kreisförmige Gruppe von Blättern am Spross nennt man Wirtel. Der Fingerhut *(Digitalis purpurea)* und andere Pflanzen bilden nur eine grundständige Rosette. Beim Rosetten-Dickblatt *(Aeonium arboreum)* steht die Rosette an der Spitze des Sprosses.

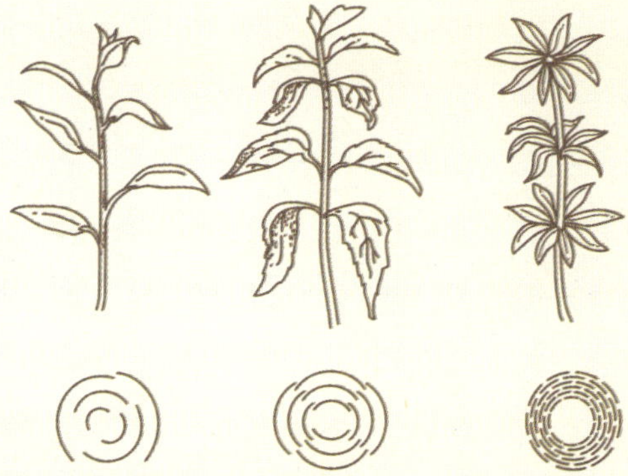

Wechselständig *Gegenständig* *Wirtelig*

Blüten

Generell unterteilt man das Pflanzenreich in Nacktsamer (Gymnospermen) und Bedecktsamer (Angiospermen). Es gibt aber einige Ausnahmen, beispielsweise die Farne (siehe Seite 16–17). Die Fortpflanzungsorgane von Gymnospermen befinden sich in zapfenförmig organisierten Blütenständen. Nur Angiospermen haben «blumige» Blüten. Diese bestehen aus vier Bestandteilen: Kelchblättern (Sepalen), Kronblättern (Petalen), Staub- und Fruchtblättern.

Die Bauteile von Blüten sind in konzentrischen Kreisen angeordnet. Außen liegen die Kelchblätter, dann folgen Kronblätter, Staubblätter und der (oft aus mehreren Fruchtblättern verwachsene) Fruchtknoten.

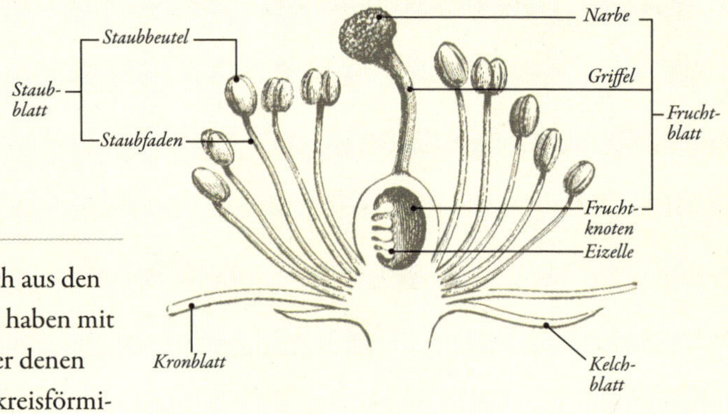

Aufbau der Blüte

Die Blüten der Bedecktsamer haben sich aus den Zapfen der Nacktsamer entwickelt und haben mit den meisten primitiven Blüten, darunter denen der Gattung *Magnolia* (S. 70–71) den kreisförmigen Aufbau gemeinsam. Sie bestehen normalerweise aus vier Kreisen: den Kelchblättern, den Kronblättern, den Staubblättern (Androecium) und den Fruchtblättern (Gynoecium). Letztere bestehen aus Narbe, Griffel und Ovar. Manche Pflanzen haben weniger oder stärker spezialisierte Blütenteile, etwa die winzigen Grasblüten oder die prachtvollen Orchideenblüten.

Blütenformen

Die wichtigsten Pflanzengruppen sind anhand der Blütenform leicht zu erkennen, ansonsten ist es hilfreich, etwas mehr über die verschiedenen anatomischen Muster der Blüten zu wissen. Alle Kreuzblütler (Brassicaceae) haben beispielsweise

Manche Pflanzenfamilien haben charakteristische Blütenformen. So sind die strahlenförmigen Blüten der *Dahlia pinnata* (ganz links) typisch für die Asteraceae. Die kreuzförmigen Blüten von *Erysimum strictum* (Steifer Schöterich, links) sind ein Erkennungsmerkmal der Brassicaceae, und die unregelmäßigen Lippenblüten von *Ajuga reptans* (Kriechender Günsel, rechts) sind typisch für die Lamiaceae.

Blüten mit vier kreuzweise angeordneten Kronblättern. Viele Blüten sind radiärsymmetrisch oder aktinomorph aufgebaut, die der Lippenblütler (Lamiaceae) jedoch achsensymmetrisch oder zygomorph.

Blütenstände

Manche Pflanzen bilden Einzelblüten, viele tragen jedoch Blütenstände, die aus mehreren Blüten bestehen. Auch deren Form und Anatomie kann charakteristisch für bestimmte Pflanzenfamilien sein, etwa die flachen Dolden der Apiaceae oder die Blütenköpfchen der Asteraceae.
Weitere Blütenstand-Typen sind Cyme und Traube. Bei einer Traube stehen gestielte Blüten an einer unverzweigten Sprossachse, an deren Ende sich keine Blüte befindet, sodass dieser weiterwachsen kann. Die älteste Blüte steht unten. Bei einer Cyme andererseits endet jeder Zweig in einer Blüte, die älteste Blüte steht in der Mitte. Technisch gehören Ähren, Dolden und Blütenkörbchen zu den Trauben, es gibt jedoch Unterschiede. So tragen Ähren ungestielte Blüten, Trauben hingegen gestielte. Als Rispe bezeichnet man einen verzweigten Blütenstand mit gestielten Blüten.

Traube: *Actaea racemosa* (Trauben-Silberkerze)

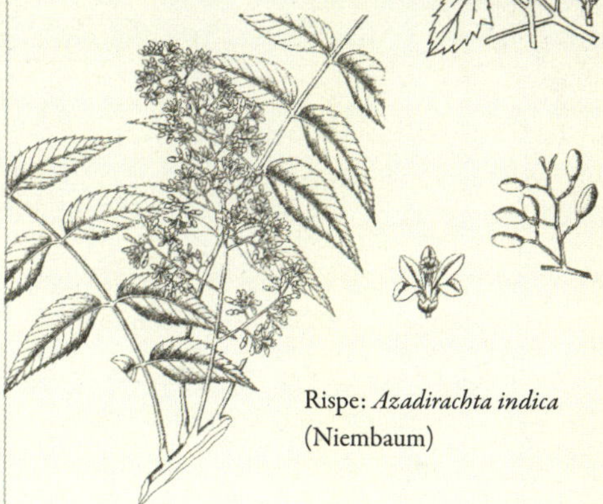

Rispe: *Azadirachta indica* (Niembaum)

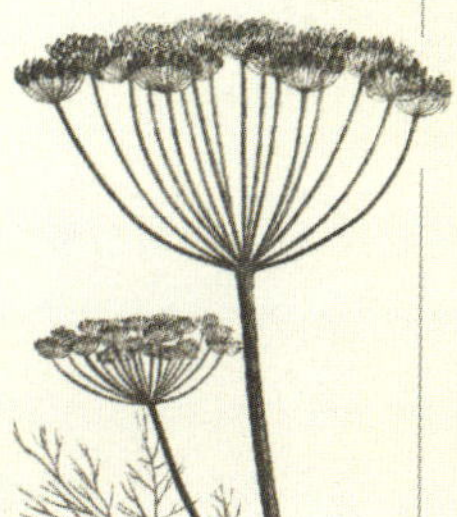

Dolde: *Anethum graveolens* (Dill)

Cyme: *Dianthus plumarius* (Feder-Nelke)

Früchte und Samen

Blüten begünstigen die Übertragung von Pollen auf die Narbe einer anderen Pflanze. So entstehen Früchte, in denen sich die Samen der nächsten Generation befinden. Im botanischen Sinn ist jedes Gebilde, das einen Samen umgibt, eine Frucht – Hülse, Beere, Nuss, Kapsel und andere.

Unterständige und oberständige Fruchtknoten

Bei vielen größeren Früchten sind noch Reste der Blüte zu erkennen, beim Apfel beispielsweise auf der Seite, die dem Stiel gegenüber liegt. Bei Tomaten findet man Reste des Kelchs auf der Stielseite. In diesen Fällen sitzt die Frucht, die aus dem Fruchtblatt gewachsen ist, entweder unter dem Kelch (unterständig) oder über diesem (oberständig). Auf dieses Merkmal sollte man achten, weil es verschiedene Pflanzenfamilien charakterisiert. Die Blüten der Rosaceae, zu denen der Apfel gehört, haben demnach einen unterständigen Fruchtknoten, die der Solanaceae, zu denen die Tomaten gehören, einen oberständigen.

Malus communis,
Apfel

Samen

Aus dem angeschwollenen Fruchtknoten entsteht eine fünfkammerige Kernfrucht, die Samen enthält.

An der Blüte mit Kronblättern (links) und ohne (rechts) ist die unterständige Position des Fruchtknotens zu erkennen.

Solanum lycopersicum,
Tomate

Unbestäubte Blüte

An den Kelchblättern am Stielende ist die oberständige Position des Fruchtknotens zu erkennen.

Früchte

Reife Früchte können fleischig oder trocken sein. Manche trockenen Früchte platzen auf, um die Samen auszuschütten (z. B. Bohnenhülsen). Dieses Phänomen bezeichnet man als Dehiszenz. Andere (z. B. Haselnüsse) bleiben geschlossen. Früchte können einzeln gebildet werden (z. B. Tomaten). Zusammengesetzte Früchte (z. B. Maulbeere) sind miteinander verbundenen Fruchtknoten eines einzelnen Blütenstands.

Die trockenen Früchte von *Albizia procera* platzen auf, um die Samen auszuschütten.

Die genaue Definition der einzelnen Fruchtarten ist etwas unsystematisch. Eine Beere beispielsweise ist eine fleischige Frucht, die mehrere Samen enthält (Tomate, Paprika, Stachelbeere). Ein Apfel ist aber keine Beere, sondern eine Kernfrucht. Eine Orange ist ein Hesperidium und ein Pfirsich eine Steinfrucht. Man könnte zwar annehmen, dass auch eine Steinfrucht zu den fleischigen Früchten zählt, tatsächlich ist es aber eine indehiszente trockene Frucht, die von einer fleischigen Schicht umgeben ist.

Morus nigra, **Schwarze Maulbeere**

Samen

Früchte dienen zur Ausbreitung der Samen. Fleischige Früchte werden von Tieren gefressen, welche die Samen mit ihrem Kot absetzen. Trockene Samen können gefressen, durch Wind oder Wasser oder durch vorbeistreifende Tiere ausgebreitet werden.

Es gibt verschiedene Trockenfrüchte, die nur einen Samen enthalten, beispielsweise die Eichel (eine Nuss), der Sonnenblumenkern (der Same befindet sich innerhalb der Schale) und die Nüsschen von Erdbeeren.

Wie für Blätter und Blüten gibt es auch für die Samenform viele Fachbegriffe. Manche sind selbsterklärend – etwa rund, länglich, oval, linsenförmig (lenticular) oder nierenförmig (reniform). Samen können außerdem eine typische Farbe, Struktur oder Musterung aufweisen.

Die Samen von Eudikotyledonen enthalten zwei Keimblätter. Sie sind meist rundlich und fleischig, werden aus dem Endosperm gebildet und dienen als Nahrung für den pflanzlichen Embryo. Die Samen von Monokotyledonen enthalten nur ein Keimblatt. Es ist schmaler, weil das Endosperm separat bleibt.

SAMEN VON EUDIKOTYLEDONEN

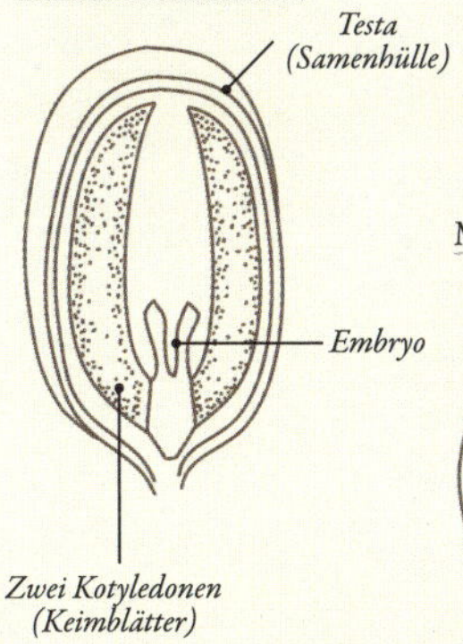

SAMEN VON MONOKOTYLEDONEN

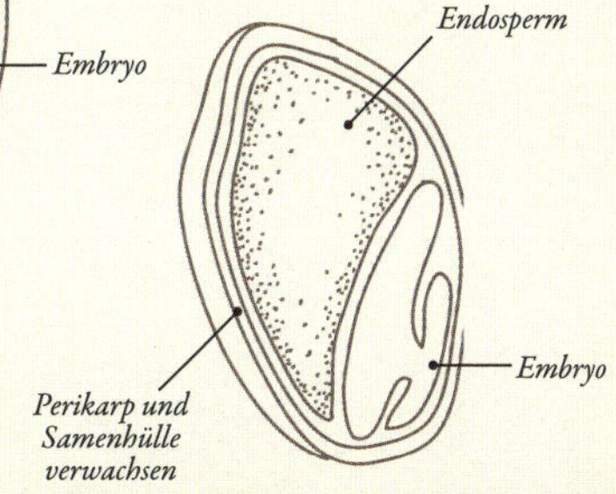

Pflanzengruppen erkennen

Es mag schwierig erscheinen, eine unbekannte Pflanze zu bestimmen, doch wer die richtigen Fragen stellt, wird leichter Klarheit gewinnen. Beginnen Sie jeweils in der oberen linken Ecke. Beantworten Sie jede Frage und folgen Sie dem Pfeil, bis Sie zur fraglichen Pflanzenfamilie gelangen. In Zweifelsfällen probieren Sie beide Wege. Wenn Ihre Pflanze Merkmale mehrerer Familien zeigt, lesen Sie in den Beschreibungen der Familien nach. Diese Fragen eignen sich zur Bestimmung verbreiteter Gartenpflanzen und beziehen sich nur auf die Familien, die in diesem Buch beschrieben werden.

Hauptgruppen

Mithilfe dieser Fragen können Sie bestimmen, welcher Hauptgruppe eine Pflanze angehört. Fahren Sie dann mit den Fragen für diese Hauptgruppe fort, um die Pflanzenfamilie zu ermitteln. Auf manche Fragen ist nur eine Antwort möglich (Ja *oder* Nein). Sie liefern zusätzliche Erkennungsmerkmale.

↓ J = Ja	↓ N = Nein

- Bildet die Pflanze Blüten?
  - J → Hat die Pflanze parallelnervige (streifennervige) Blätter und dreizählige Blüten?
    - J → Monokotyledonen (S. 22–23)
    - N → Hat die Pflanze verzweigte Blattadern und vier- oder fünfzählige oder vielblättrige Blüten?
      - J → Hat die Pflanze einfache Blätter, vielblättrige Blüten und schwach differenzierte Staubfäden und Staubbeutel?
        - J → Frühe Angiospermen (S. 20–21)
        - N → Hat die Pflanze einfache oder zusammengesetzte Blätter, vier- oder fünfzählige (selten vielblättrige) Blüten und klar differenzierte Staubfäden und Staubblätter?
          - J → Eudikotyledonen (S. 24–25)
  - N → Bildet die Pflanze normalerweise Zapfen?
    - J → Gymnospermen (S. 18–19)

Chamaecyparis lawsoniana, eine Gymnosperme aus der Familie Zypressengewächse (Cupressaceae – siehe S. 60–63).

Gymnospermen

Sind die Blätter der Pflanze zusammengesetzt, einfach oder doppelt gefiedert?
N
Hat die Pflanze einfache Blätter?
J
Palmfarne (S. 48–49)
J
Sind die Blätter fächerförmig und werden abgeworfen?
J
Ginkgoaceae (S. 50–51)
N
Sind die Blätter nadel- oder schuppenförmig?
J
Befinden sich die Samen in holzigen, ledrigen, papierartigen oder fleischigen Zapfen?
N
Befinden sich die Samen nicht in Zapfen, sondern in fleischigen, beerenartigen Gebilden?
J
Männliche Zapfen kätzchenartig und Samen auf einer fleischigen Schuppe (selten umhüllt)?
J
Podocarpaceae (S. 54–55)
N
Sind die männlichen Zapfen rund und die Samen ganz oder teilweise von einer fleischigen Hülle umgeben?
J
Taxaceae (S. 64–65)
J
Hat die Pflanze normalerweise schuppenartige (selten nadelförmige) Blätter und Zapfen, die bei Reife intakt bleiben, mit 1–20 Samen pro Schuppe?
J
Cupressaceae (S. 60–61)
N
Hat die Pflanze nadelförmige oder breite, flache Blätter und Zapfen, die intakt bleiben oder zerfallen, mit einem oder zwei Samen pro Schuppe?
J
Stammt die Pflanze von der nördlichen Halbkugel, hat sie nadelartige Blätter und zwei Samen pro Schuppe?
J
Pinaceae (S. 56–57)
N
Stammt die Pflanze von der südlichen Halbkugel? Hat sie nadelartige oder breite, flache Blätter und einen Samen pro Schuppe?
J
Araucariaceae (S. 52–53)

Cycas revoluta aus der Familie Palmfarne (Cycadaceae – siehe S. 48–49).

Podocarpus macrophyllus aus der Familie Steineiben (Podocarpaceae – siehe S. 54–55).

Frühe Angiospermen und Monokotyledonen

Hat die Pflanze verzweigte Blattadern, vielblättrige Blüten und schwach differenzierte Staubfäden und Staubbeutel?
- J → Ist es eine Wasserpflanze mit schwimmenden oder untergetauchten Blättern?
  - J → Nymphaeaceae (S. 68–69)
  - N → Ist es eine holzige Pflanze, Baum oder Strauch?
    - J → Magnoliaceae (S. 70–71)
- N → Hat die Pflanze parallelnervige Blätter, dreizählige Blüten und klar differenzierte Staubfäden und Staubbeutel?
  - J → Ist es eine krautige Pflanze (seltener ein Baum mit einfachen Blättern)?
    - N → Handelt es sich um einen Baum oder Strauch mit meist zusammengesetzten, gefiederten oder handförmig geteilten Blättern?
      - J → Arecaceae (S. 90–91)
    - J → Trägt die Pflanze winzige Blüten an einem fingerförmigen Kolben (Spadix) und eine auffällige Hülle (Spatha)?
      - J → Araceae (S. 72–73)
      - N → Hat sie größere Blüten, gut erkennbare Einzelblüten ohne Spatha?
        - J → Sind Blattscheide und Blattspreite klar zu unterscheiden?
          - J → Blüten ohne Kronblätter, mit einem oder zahlreichen Staubblättern und ohne auffällige Staminodien?
            - J → Poaceae (S. 96–97)
            - N → Blüten mit unscheinbaren Kronblättern, nur einem Staubblatt und auffälligen Staminodien?
              - J → Zingiberaceae (S. 92–93)
          - N → Sind Blattscheide und Blattspreite nicht klar zu unterscheiden?
            - J → Bildet die Pflanze Blattrosetten und Blüten mit klar unterscheidbaren Kelch- und Kronblättern?
              - J → Bromeliaceae (S. 94–95)
              - N → Stehen die Blätter nicht (oder selten) in Rosetten, und sehen Kelch- und Kronblättern ähnlich aus?
                - J → Ist ein Blütenblatt zu einer Lippe umgeformt? Sind die Samen staubfein?
                  - J → Orchidaceae (S. 80–81)
                  - N → Sind die Samen gut erkennbar (nicht staubfein)?
                    - J → Blätter in zwei Reihen, oft schwertförmig? Blüten mit drei Staubgefäßen?
                      - J → Iridaceae (S. 82–83)
                      - N → Amaryllidaceae (S. 84–85) / Hat die Pflanze faserige Wurzeln oder Rhizome, Blüten in Trauben, Ähren, Rispen oder einzeln (selten Dolden)? Brakteen fehlend oder nicht die Knospen umschließend?
                        - J → Hat die Pflanze separate oder zusammengewachsene Staubfäden, oberständige Fruchtknoten und Blütenstände ohne Hochblätter (Brakteen)?
                          - J → Asphodelaceae (S. 86–87)
                          - N → Hat die Pflanze separate Staubfäden, ober- oder unterständige Fruchtknoten und Blütenstände mit Brakteen?
                            - J → Asparagaceae (S. 88–89)

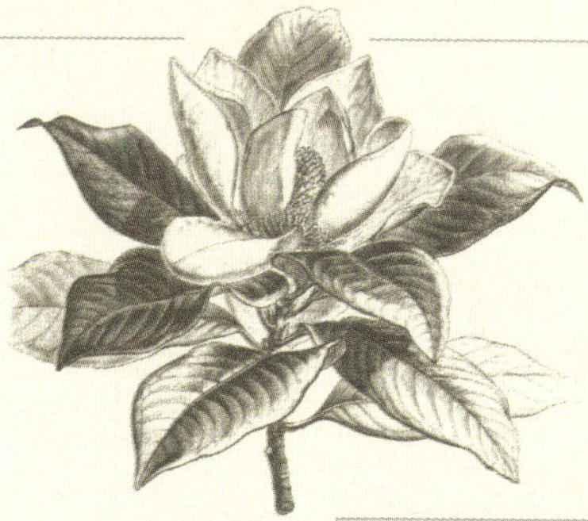

Magnolia grandiflora aus der Familie Magnoliengewächse (Magnoliaceae – siehe Seite 70–71).

Arum maculatum aus der Familie Aronstabgewächse (Araceae – siehe S. 72–73).

Crocus speciosus aus der Familie Schwertliliengewächse (Iridaceae – siehe Seite 82–83).

Colchicaceae (S. 76–77)

J ↑

Melanthiaceae (S. 74–75)

J ↑

Ist es eine krautige Pflanze mit Rhizomen und selten von Blättern umhüllten Blättern?

N →

Ist es eine krautige oder kletternde Knollenpflanze? Umhüllen die Blätter den Spross?

← J

Ist es eine Knollen- oder Rhizompflanze mit einfarbigen Blütenblättern und nach außen gerichteten Staubfäden?

N

Ist es ein Knollengewächs (selten Rhizom) mit Einzelblüten oder Dolden, Knospen von Brakteen umhüllt?

J

Liliaceae (S. 78–79)

J ↑

Ist es eine Knollen- oder Rhizompflanze, Blütenblätter oft mit Zeichnung, Staubfäden nach innen gerichtet?

N

J ↑

Blütenblätter oft ohne Zeichnung, Nektarien an den Fruchtknotenwänden? Samen schwarz glänzend?

← N

Blütenblätter oft mit Zeichnung oder Muster, Nektarien am Grund der Blütenblätter oder Staubblätter? Braune Samen?

J ↑

Blätter spiralförmig angeordnet, Blüten mit sechs Staubgefäßen?

J →

Hauptgruppen der Eudikotyledonen

Ist es eine krautige (selten holzige) Pflanze mit gezähnten, gelappten oder zusammengesetzten Blättern, zahlreichen Staubblättern und oberständigem Fruchtknoten?

N →

Ist es eine krautige oder holzige Pflanze mit einfachen oder zusammengesetzten Blättern, ober- oder unterständigem Fruchtknoten und oft jeweils vier oder fünf zusammengewachsenen Staubblättern?

J →

Sind normalerweise Nebenblätter vorhanden? Kronblätter frei, Blüte oft schalen- oder becherförmig?

J ↑

Superrosiden (S. 24 und 42)

N ↓

Fehlen Nebenblätter? Kronblätter zur Röhre zusammengewachsen (selten frei), Blüte nicht schalen- oder becherförmig?

J ↓

Superasteriden (S. 25 und 44)

J ↓

Sondern verletzte Sprosse / Blätter eine weiße, klare oder farbige Flüssigkeit ab?

N →

Sondern verletzte Sprosse / Blätter keine Flüssigkeit ab?

J ↓

Papaveraceae (S. 104–105)

J ↓

Ist es eine krautige (selten holzig-kletternde) Pflanze mit zahlreichen Staubblättern (selten einem)?

← J

Ranunculaceae (S. 106–109)

N ↓

Ist es eine krautige Pflanze, manchmal strauchig, mit vier bis sechs Staubblättern?

J →

Berberidaceae (S. 102–103)

Mohn, Berberitze und Hahnenfuß gehören zu den frühen Eudikotyledonen. Sie sind leicht zu unterscheiden, aber schwieriger von den restlichen Eudikotyledonen abzugrenzen. Wer mithilfe dieser Fragen eine Eudikotyledone bestimmen will, sollte zuerst diese drei Familien betrachten.

Ranunculus asiaticus aus der Familie Hahnenfußgewächse (Ranunculaceae – siehe S. 106–109).

Superrosiden (holzige Pflanzen)

- **Hat die Pflanze einfache Blätter?**
  - J → Haben die Blüten farbige Kronblätter?
  - N → Sind die Blätter geteilt?
- **Haben die Blüten farbige Kronblätter?**
  - N → Tritt aus Verletzungen weißer Milchsaft aus?
  - J → Hat die Pflanze runzlige (oder keine) Kronblätter? Sind die Früchte trockene Kapseln?
- **Tritt aus Verletzungen weißer Milchsaft aus?**
  - J → Moraceae (S. 128–138)
  - N → Sitzen die Früchte in holzigen Fruchtbechern?
- **Sitzen die Früchte in holzigen Fruchtbechern?**
  - J → Fagaceae (S. 140–141)
- **Hat die Pflanze runzlige (oder keine) Kronblätter? Sind die Früchte trockene Kapseln?**
  - J → Blütenblätter klein und riemenförmig oder fehlend, holzige Früchte?
  - N → Ist es ein Baum oder Strauch mit glatten Kronblättern und fleischigen oder trockenen Früchten?
- **Blütenblätter klein und riemenförmig oder fehlend, holzige Früchte?**
  - J → Hamamelidaceae (S. 112–113)
  - N → Ist die Pflanze immergrün mit auffälligen, breiten Kronblättern und papierartigen Früchten?
- **Ist die Pflanze immergrün mit auffälligen, breiten Kronblättern und papierartigen Früchten?**
  - J → Cistaceae (S. 158–159)
- **Ist es ein Baum oder Strauch mit glatten Kronblättern und fleischigen oder trockenen Früchten?**
  - J → Sind die Blätter drüsig oder duftend?
- **Sind die Blätter drüsig oder duftend?**
  - J → Myrtaceae (S. 146–147)
  - N → Blätter ohne Drüsen und ohne Duft?
- **Blätter ohne Drüsen und ohne Duft?**
  - J → Sind die Blätter gefiedert?
- **Sind die Blätter gefiedert?**
  - J → Rosaceae [Teil] (S. 130–131)
  - N → Sind die Blätter handförmig geteilt?
- **Sind die Blätter handförmig geteilt?**
  - J → Malvaceae [Teil] (S. 154–155)
- **Separate männliche und weibliche Pflanzen? Kapselfrüchte und Samen mit Haarschopf?**
  - J → Salicaceae (S. 120–121)
  - N → Betulaceae (S. 138–139)
- **Sind die Blätter geteilt?**
  - J → Sind die Blätter durchscheinend punktiert (selten einfach)?
- **Sind die Blätter durchscheinend punktiert (selten einfach)?**
  - J → Rutaceae (S. 152–153)
  - N → Blätter ohne durchscheinende Punktierung?
- **Blätter ohne durchscheinende Punktierung?**
  - J → Gegenständige Blätter?
- **Gegenständige Blätter?**
  - J → Sapindaceae (S. 150–151)
  - N → Wechselständige Blätter?
- **Wechselständige Blätter?**
  - J → Bildet die Pflanze hülsenförmige Früchte (Blätter selten einfach)?
- **Bildet die Pflanze hülsenförmige Früchte (Blätter selten einfach)?**
  - J → Fabaceae [Teil] (S. 124–127)
  - N → Bildet die Pflanze Nussfrüchte, fleischige Kern- oder Steinfrüchte oder trockene Achänen?
- **Bildet die Pflanze Nussfrüchte, fleischige Kern- oder Steinfrüchte oder trockene Achänen?**
  - J → Kronblätter fehlend oder unauffällig? Nussfrucht?
- **Kronblätter fehlend oder unauffällig? Nussfrucht?**
  - J → Juglandaceae (S. 142–143)
  - N → Kronblätter auffällig (selten fehlend)? Fleischige Kern- oder Steinfrucht oder trockene Achäne?
- **Kronblätter auffällig (selten fehlend)? Fleischige Kern- oder Steinfrucht oder trockene Achäne?**
  - J → Rosaceae [Teil] (S. 130–133)

Juglans regia aus der Familie Walnussgewächse (Juglandaceae – siehe Seite 142–143).

Einige Familien der Superrosiden umfassen sowohl holzige als auch krautige Pflanzen, z. B. Euphorbiaceae oder Rosaceae. Diese sind in beiden Untergruppen zu finden und durch den Vermerk «[Teil]» gekennzeichnet.

Superrosiden (krautige Pflanzen)

Handelt es sich um eine Sukkulente?
J
N
Hat die Pflanze Blüten mit männlichen und weiblichen Teilen?
J
Crassulaceae (S. 110–111)
N
Ist die Pflanze frostempfindlich (selten winterhart)? Separate männliche und weibliche Blüten?
J
Sind die Blätter asymmetrisch?
J
Begoniaceae (S. 134–135)
N
Euphorbiaceae [Teil] (S. 118–119)
Ist es eine Kletterpflanze, oft mit Blattranken?
J
Cucurbitaceae (S. 136–137)
N
Zusammengesetzte Blätter, Schmetterlingsblüten und Hülsenfrüchte?
J
Fabacaeae [Teil] (S. 124–125)
N
Blätter einfach oder zusammengesetzt, Blüten nicht schmetterlingsförmig, Früchte keine Hülsen?
J
Trägt die Pflanze separate männliche und weibliche Blüten? Tritt aus Verletzungen weißer Milchsaft aus?
J
Euphorbiaceae [Teil] (S. 118–119)
N
Blätter handförmig gelappt, oft mit sternförmigen Härchen?
J
Malvaceae [Teil] (S. 154–157)
N
Blätter pinnat gelappt, oft mit sternförmigen Härchen?
J
Blüten mit vier Kronblättern?
J
Blätter mit Kohlgeruch? Kronblätter kreuzförmig, selten überlappend? Sechs Staubblätter?
J
Brassicaceae (S. 160–161)
N
Stehen die Kronblätter oft überlappend? 8 Staubblätter?
J
Onagraceae (S. 148–149)
N
Blüten mit fünf Kronblättern?
J
Früchte wie ein Schnabel geformt? Rollen sich die Wände nach außen, um den Samen auszuschütten?
J
Geraniaceae (S. 144–145)
N
Sind die Blüten achsensymmetrisch?
J
Violaceae (S. 122–123)
N
Sind die Blüten radiärsymmetrisch?
J
Sind Nebenblätter vorhanden?
J
Rosaceae [Teil] (S. 130–133)
N
Einzelne Blüten (selten Blütenstände) mit großen Kronblättern?
J
Paeoniaceae (S. 114–115)
N
Stehen die Blüten in Blütenständen (selten einzeln), Kronblätter klein oder fehlend?
J
Saxifragaceae (S. 116–117)

Crassula coccinea aus der Familie Dickblattgewächse (Crassulaceae – siehe Seite 110–111).

Paeonia mlokosewitschii aus der Familie Pfingstrosengewächse (Paeoniaceae – siehe Seite 114–115).

Superasteriden

Kronblätter fehlend oder (sofern vorhanden) nicht zusammengewachsen?

Ist die Pflanze eine Sukkulente, meist stachelig und blattlos?

Cactaceae (S. 164–165)

Ist es eine fleischfressende Pflanze mit aktiven Fangblättern?

Asteraceae [Teil] (S. 204–207)

Kronblätter vorhanden, zur Röhre verwachsen?

Blätter wechselständig?

Sind die Blüten sehr klein, stehen sie in kompakten Blütenständen?

Keine Nebenblätter (bzw. falls vorhanden, bilden sie keine Blattscheide)?

Sind Nebenblätter vorhanden und zu einer Blattscheide verwachsen?

Blätter gegenständig?

Trägt sie einzelne Blüten oder Blütenstände mit klar erkennbaren Blüten?

Schütten die Staubbeutel Pollen durch kreisförmige Poren an den Spitzen aus?

Ericaceae [Teil] (S. 178–179)

Sind die Blätter zusammengesetzt (selten einfach)?

Ist es eine krautige Pflanze (selten Strauch) mit hohlen Internodien und trockenen Spaltfrüchten?

Boraginaceae (S. 202–203)

Sind die Blätter einfach?

Primula farinosa aus der Familie Primelgewächse (Primulaceae – siehe S. 204–207)

Schütten die Staubbeutel Pollen durch längliche Öffnungen aus?

Hat die Pflanze normalerweise rau behaarte Blätter und Blüten mit zentraler Krone?

Ist es eine krautige Pflanze (selten Strauch) mit hohlen Internodien und trockenen Spaltfrüchten?

Caryophyllaceae (S. 166–169)

Gegenständige Blätter, geschwollene Knoten und häufig gefranste oder gelappte Kronblätter?

Theaceae (S. 182–183)

Ist es ein Baum oder Strauch mit zahlreichen Staubblättern?

Krautige oder kletternde Pflanze, Strauch oder Baum mit Blüten, die keinem Tag-Nacht-Rhythmus folgen, und meist fleischigen Früchten?

Convolvulaceae (S. 184–185)

Ist es eine holzige Pflanze, ein Strauch oder eine Kletterpflanze (selten krautig)?

Ist es eine krautige (evtl. holzige) Pflanze mit (meist) Fünf Staubblättern (selten drei bis zehn)?

Solanaceae (S. 186–187)

Ist die Pflanze ein schlingender Kletterer (evtl. ein Strauch) mit Blüten, die sich morgens öffnen und abends schließen und (meist) trockenen Früchten?

Trägt sie fleischige Steinfrüchte?

Cornaceae (S. 174–175)

Primulaceae [Teil] (S. 180–181)

Kronblätter in verschiedenen Farben?

Sind die Kronblätter in der Knospe verdreht oder gefaltet? Zeigen sie nach dem Öffnen Falten?

Sind die Früchte trockene Kapseln (selten fleischige Beeren)?

Hydrangeaceae (S. 176–177)

Tritt aus Verletzungen Milchsaft aus? Sind die Kronblätter meist blau, violett oder weiß?

Campanulaceae (S. 208–209)

Einige sehr große, artenreiche Familien müssen in diesem Diagramm mehrfach genannt werden. Diese sind hier mit dem Vermerk «[Teil]» gekennzeichnet.

Persicaria affinis aus der Familie Knöterichgewächse (Polygonaceae – siehe S. 172–173)

Droseraceae (S. 170–171)

Polygonaceae (S. 172–173)

Apiaceae (S. 210–211)

Ist es eine holzige Pflanze (selten krautig) mit Blattnarben an den Sprossen und fleischigen Früchten? J → Araliaceae (S. 212–213)

Wechselständige oder gegenständige Blätter, Knoten nicht geschwollen, Kronblätter unauffällig, fleischig oder papierartig? J → Amaranthaceae (S. 162–163)

Blüten sehr klein und in kompakten, verzweigten Blütenständen? N → Blüten einzeln oder in lockeren Blütenständen, also einzeln zu erkennen? J → Sind die Blüten achsensymmetrisch?

Blüten sehr klein und in kompakten, verzweigten Blütenständen? J → Vierlappige Kronblattröhre? Vier freie Staubblätter?

Sind die Blüten achsensymmetrisch? N → Sind die Blüten radiärsymmetrisch? J → Schütten die Staubbeutel Pollen durch runde Poren an der Spitze aus? J → Ericaceae [Teil] (S. 178–179)

Schütten die Staubbeutel Pollen durch runde Poren an der Spitze aus? N → Schütten die Staubbeutel Pollen durch längliche Öffnungen aus? J → Enthält jede Blüte zwei Staubblätter? J → Oleaceae (S. 196–197)

Enthält jede Blüte zwei Staubblätter? N → Enthält jede Blüte vier oder fünf Staubblätter? J → Drüsenhärchen an der Basis der Blattstiele? Gedrehte Corolla?

Drüsenhärchen an der Basis der Blattstiele? Gedrehte Corolla? N → Zusammengewachsene Sepalen und fleischige Früchte? Unterständiger Fruchtknoten? J → Adoxaceae (S. 214–215)

Zusammengewachsene Sepalen und fleischige Früchte? Unterständiger Fruchtknoten? N → Sepalen frei oder verwachsen, Früchte trocken oder fleischig? Fruchtknoten oberständig? J → Primulaceae [Teil] (S. 180–181)

Drüsenhärchen an der Basis der Blattstiele? Gedrehte Corolla? J → Tritt aus Verletzungen Milchsaft aus? Propellerförmige Blüten mit Corona? Früchte paarweise? J → Apocynaceae (S. 188–189)

Tritt aus Verletzungen Milchsaft aus? Propellerförmige Blüten mit Corona? Früchte paarweise? N → Glockenförmige Blüten und einzelne Früchte? J → Gentianaceae (S. 190–191)

Sind die Blüten achsensymmetrisch? J → Hat die Pflanze duftende Blätter, viereckige Sprosse und einen vierlappigen Fruchtknoten? J → Lamiaceae (S. 192–195)

Hat die Pflanze duftende Blätter, viereckige Sprosse und einen vierlappigen Fruchtknoten? N → Blätter ohne Duft, Fruchtknoten nicht mehrlappig? J → Blüten mit Brakteen und nektarproduzierende Härchen in der Corolla? Unterständiger Fruchtknoten? J → Caprifoliaceae [Teil] (S. 216–217)

Blüten mit Brakteen und nektarproduzierende Härchen in der Corolla? Unterständiger Fruchtknoten? N → Blüten ohne Brakteen oder nektarproduzierende Härchen? Unterständiger Fruchtknoten? J → Plantaginaceae (S. 200–201) oder Scrophulariaceae (S. 198–199)

Vierlappige Kronblattröhre? Vier freie Staubblätter? J → Caprifoliaceae [Teil] (S. 216–217)

Vierlappige Kronblattröhre? Vier freie Staubblätter? N → Fünflappige Kronblattröhre? Staubblätter ringförmig zusammengewachsen? J → Asteraceae [Teil] (S. 204–205)

Plantaginaceae und Scrophulariaceae sind eng verwandt und schwer zu unterscheiden. Weitere Details finden Sie in den Beschreibungen der Familien.

Araucaria montana
aus der Familie Araukariengewächse
(Araucariaceae – siehe S. 52–53).

KAPITEL 1

Gymnospermen

Gymnospermen sind die ältesten heute noch lebenden Samenpflanzen. Sie gehören einer größeren Gruppe an, den Spermatophyten. Diese umfassen alle Pflanzen, die Samen bilden, also auch die Angiospermen. Der Unterschied zwischen Angiospermen und Gymnospermen besteht darin, dass die Blüten der Gymnospermen meist zapfenartig organisiert sind.

Der Begriff «Gymnospermen» bedeutet übersetzt «Nacktsamer». Darin besteht ein zweiter Unterschied: Die Samenanlagen der Angiospermen (Bedecktsamer) befinden sich in einem Fruchtblatt, die der Gymnospermen nicht.

Gymnospermen sind hochentwickelte Pflanzen mit einem komplexen Gefäßsystem und spezialisierten anatomischen Strukturen, beispielsweise holzigem Gewebe, das ihnen Standfestigkeit gibt, und Zapfen für die Fortpflanzung. Über Jahrmillionen haben sie das Land beherrscht. Heute sind zwar die Bedecktsamer in der Überzahl, aber noch immer bedecken Gymnospermen den größeren Teil des Festlandes.

Für Gärtner sind Gymnospermen, zu denen beispielsweise Palmfarne und Koniferen gehören, allein anhand ihres Aussehens leicht von allen anderen Pflanzen zu unterscheiden.

Cycadaceae, Stangeriaceae und Zamiaceae

PALMFARNE

Diese kleine Gruppe sieht bekannteren Gymnospermen nicht ähnlich. Man könnte sie leicht irrtümlich den Palmen oder Farnen zuordnen. Meist handelt es sich um einstämmige, selten verzweigte Bäume oder Sträucher mit nahezu unterirdischen Stämmen.

Größe der Familie

Es gibt etwa 300 Palmfarne, die drei Familien angehören: Cycadaceae (nur Gattung *Cycas*), Stangeriaceae (Gattungen *Stangeria* und *Bowenia*) sowie Zamiaceae (acht Gattungen).

Zamia poeppigiana

Verbreitung

Palmfarne wachsen hauptsächlich in tropischen Gebieten Afrikas, Südostasiens, Australasiens und Südamerikas. Wenige Arten gedeihen auch in kühlerem Klima. Die Sagopalme *(Cycas revoluta)* wächst in Europa nur in den mildesten Regionen, ist aber als Zimmerpflanze beliebt.

Herkunft

Etwa 280 Millionen Jahre alte Fossilfunde belegen, dass es Palmfarne schon im Perm und vielleicht sogar im Karbon gab, also lange vor den Dinosauriern. Die heute existierenden Arten haben sich aber vermutlich erst in den letzten 12 Millionen Jahren entwickelt.

Zapfen

Palmfarne bilden ihre Zapfen in der Mitte des Blattschopfs. Männliche und weibliche Zapfen stehen auf verschiedenen Pflanzen. Männliche Zapfen bestehen aus zahlreichen Schuppen mit Gewebeballungen, die große Mengen Pollen ausschütten. Weibliche Zapfen sind oft größer und farbintensiver. Weibliche Pflanzen der Gattung *Cycas* bilden statt Zapfen locker aufgebaute Sporophylle am Ende der Sprossachse mit zwei bis acht

Cycas circinalis,
Ostindischer Sagopalmfarn
Palmfarne sind entweder männliche oder weibliche Individuen. Männliche Pflanzen bilden Pollen, weibliche wie diese bilden Samen.

Samenanlagen pro Schuppe. Palmfarne werden häufig von Käfern bestäubt. Die befruchteten Samen entwickeln oft eine farbige, fleischige Hülle, mit der sie Tiere anlocken, die für die Verbreitung sorgen.

Blätter

Die palmähnlichen Blätter bestehen aus zahlreichen Fiedern entlang einer Mittelachse. Nur die Blätter der Gattung *Bowenia* sind zweifach geteilt. Die Blätter sind oft hart und ledrig, manchmal bestachelt, und bilden einen Schopf an der Stammspitze. Der Stamm ist von alten Blattbasen besetzt. Außer Laubblättern bilden Palmfarne im Jahreszyklus auch Niederblätter (Cataphylle). Einzelne Familien sind anhand der Blattaderung zu erkennen. Blätter der Cycadaceae haben eine Mittelader, Stangeriaceae haben eine Mittelader mit Seitenzweigen und Zamiaceae haben mehrere parallel verlaufende Adern.

Bedrohte Arten

Nachdem die Palmfarne mindestens 300 Millionen Jahre überdauert haben, möchte man meinen, dass sie unverwüstlich sind. Tatsächlich ist aber mindestens ein Viertel der Arten bedroht. Die südafrikanische Art *Encephalartos woodii* ist in der Natur ausgestorben und nur durch Stecklinge bekannt, die von der letzten Wildpflanze genommen wurden. Leider ist die Pflanze männlich, und ein weibliches Exemplar wurde bisher nicht gefunden. Darum kann die Art nur in Form genetisch identischer Nachkommen in botanischen Gärten überleben. Bedroht sind Palmfarne vor allem durch Zerstörung ihres Lebensraums, aber auch durch illegales Sammeln. Außerdem sind die Populationen durch die Produktion von Sago für kulinarische Zwecke aus dem Mark des Stamms gefährdet. Cycadeen-Sago enthält Neurotoxine und muss sorgfältig zubereitet werden, um Vergiftungen zu vermeiden.

Bowenia spectabilis

Ginkgoaceae

GINKGOGEWÄCHSE

Diese laubabwerfenden Bäume sind einzigartig. Durch ihre keilförmigen Blätter unterscheiden sie sich von allen bekannten Bäumen. Da sie nackte Samen bilden, gehören sie zu den Gymnospermen. Die Verwandtschaft mit anderen Pflanzen dieser Gruppe ist noch ungeklärt.

Größe der Familie

Es gibt nur ein lebendes Mitglied der Familie: *Ginkgo biloba*. Die Familie ist das einzige Mitglied der Ordnung *Ginkgoales*, der Klasse *Ginkgoopsida* und der Abteilung *Ginkgophyta*.

Verbreitung

Obwohl *Ginkgo biloba* weltweit kultiviert wird, ist seine genaue geographische Herkunft unbekannt. Von Populationen in der chinesischen Provinz Zhejiang hat man lange angenommen, dass sie dort wild wuchsen. Weil ihre genetische Varianz aber gering ist, wurden sie vermutlich angepflanzt. Größer ist die Varianz bei alten Bäumen am Rand der tibetischen Hochebene, doch da es beliebte Kulturpflanzen sind, lässt sich nicht mit Sicherheit sagen, ob der Ginkgo als natürlich wachsende Pflanze ausgestorben ist oder nicht.

VERWENDUNG IM GARTEN

Diese uralte Baumart verträgt verschmutzte Luft und eignet sich darum gut zur Straßenbepflanzung in Städten. Weibliche Bäume sollten wegen des unangenehmen Geruchs der Samenhülle nicht gepflanzt werden. Für kleine Gärten empfehlen sich zwergwüchsige Sorten wie 'Gnome', 'Troll' oder 'Mariken'.

Herkunft

Ginkgo wird oft als «lebendes Fossil» bezeichnet. Fossilfunde sind leicht zu identifizieren und reichen zurück bis in den frühen Jura (vor 190 Millionen Jahren). Vorläufer-Formen lassen sich möglicherweise bis ins Perm (vor 270 Millionen Jahren) zurückverfolgen. Fossilfunde aus verschiedenen Erdteilen belegen, dass die heutigen Bäume Nachkommen einer weit verbreiteten Gruppe sind.

Ginkgo biloba,
Ginkgobaum

Zapfen

Wie die Palmfarne ist auch der Ginkgo zweihäusig. Männliche Bäume bilden Pollen in kätzchenähnlich herabhängenden Zapfen, die mit den jungen Blättern im Frühjahr erscheinen. Der Pollen wird durch den Wind verteilt. Weibliche Pflanzen bilden keine Zapfen, sondern paarige Samenanlagen an langen Stielen, die eine klebrige Flüssigkeit absondern, um den fliegenden Pollen einzufangen. Die Samenanlagen bleiben bis zum Herbst am Baum und bilden eine weiche, fleischige äußere Hülle. Zu dieser Zeit findet die Befruchtung statt. Die fleischige Umhüllung gibt dann einen unangenehmen (ranzigen) Geruch ab. Es ist unklar, welches Tier von dem Geruch angelockt werden soll – möglicherweise ist es bereits ausgestorben.

Abb.1.1. Wenn im Frühling die Blätter austreiben, bilden weibliche Pflanzen Paare winziger Samenanlagen. Diese werden vom Wind mit dem Pollen der männlichen Bäume bestäubt.

Blätter

Ginkgo-Blätter ähneln denen des Frauenhaarfarns *(Adiantum)*. Sie sind fächerförmig mit einer Einkerbung in der Mitte und manchmal gebuchteten oder gelappten Rändern. Pflanzenzüchter haben verschiedene Blattformen hervorgebracht, beispielsweise panaschierte, röhrenförmige oder gedrehte sowie Blätter mit zusätzlichen Einkerbungen oder ohne. Bevor die Blätter im Herbst abfallen, färben sie sich buttergelb und fallen vor allem vor dunklen Immergrünen ins Auge. Die Krone ist recht locker. Die Blätter stehen am Neuaustrieb und ansonsten in Gruppen an den Enden kurzer, holziger Seitentriebe, ähnlich wie bei Lärchen *(Larix)*.

Abb.1.2. Im Herbst färben sich die Blätter gelb, und die Eizellen werden mit dem im Frühling aufgefangenen Pollen bestäubt. Danach bilden sich Samen mit einer fleischigen Hülle.

Araucariaceae

ARAUKARIENGEWÄCHSE

Diese sehr alte Koniferengruppe besteht aus hohen, immergrünen Bäumen, die mit ihrem dicken, säulenartigen Stamm und den in Etagen angeordneten Quirlen aus Ästen ausgesprochen archaisch aussehen.

Agathis dammara

1994 staunte die Welt über die Entdeckung einer weiteren Art: *Wollemia nobilis*. Entgegen der Annahme, dass die Art seit über 150 Millionen Jahren ausgestorben sei, entdeckte man in einem abgelegenen Gebiet Australiens einen natürlichen Bestand. Inzwischen wird die Wollemie kultiviert. Jenseits der Tasman-See wächst in Neuseeland einer der größten Bäume der Welt, der Kauri-Baum *(Agathis australis)*.

Größe der Familie

Die ehemals große Familie besteht nur noch aus den drei Gattungen *Agathis*, *Araucaria* und *Wollemia*. Aus Gärten in kühlem Klima kennt man vor allem die Chilenische Araukarie *(Araucaria araucana)*, die wegen ihrer Winterhärte und ihres interessanten Wuchses weltweit geschätzt wird. Gärtnern in warmem Klima ist wahrscheinlich eher die Art *Araucaria heterophylla* vertraut, die in Küstenregionen gern an Straßenränder gepflanzt wird.

Verbreitung

Die letzten Exemplare dieser Familie wachsen um den Südpazifik, in Südamerika und Australasien. Der Name der Familie leitete sich von der südchilenischen Provinz Arauco ab, wo die Chilenische Araukarie *(Araucaria araucana)* heimisch ist.

Herkunft

Ihre Blütezeit erlebte diese Familie im Karbon (vor über 300 Millionen Jahren), die Artenvielfalt war zwischen Jura und Kreidezeit (zwischen 200 und 66 Millionen Jahren) am größten. Fossilfunde legen nahe, dass das Aussterben der Dinosaurier und der Araucariaceae etwa zeitgleich stattfanden.

Araucaria araucana,
Chilenische Araukarie

VERWENDUNG IM GARTEN

Die Bäume dieser Familie werden wegen ihrer interessanten Wuchsform gern zur Landschaftsgestaltung gepflanzt, eignen sich aber nur für große Gärten. Beliebte Arten sind *Araucaria araucana* (Chilenische Araukarie), *A. heterophylla, A. bidwillii, A. cunninghamii.* Die Kultur der Wollemien *(Wollemia nobilis)* wird zurzeit erprobt. Möglicherweise wird sie die Verbreitung und Beliebtheit der Araukarien erreichen.

Blätter

Die immergrünen Blätter sind spiralförmig um den Spross angeordnet und überdauern mehrere Jahre. Manche Arten haben kleine, gekrümmte, nadelartige Blätter, die sich weich anfühlen. Die Araukarie ist mit ihren breiten, dicken und sehr spitzen Blättern schlichtweg feindselig. *Agathis* sieht mit den breiten, ledrigen Blättern gar nicht wie eine Konifere aus.

Zapfen

Die runden, weiblichen Zapfen sind wegen ihrer enormen Größe besonders interessant. Sie stehen aufrecht an den Spitzen der Zweige und können, wenn sie herabfallen, ahnungslose Passanten ernsthaft verletzen. Die Samen einiger Arten gelten als Delikatesse.

Blattschuppen

Weiblicher Zapfen

Die wehrhaften Zweige der *Araucaria araucana* sind mit dicken, schuppenartigen, dreieckigen Blättern mit scharfen Kanten und Spitzen besetzt. Die Lebensdauer eines einzelnen Blatts liegt bei bis zu 20 Jahren.

Podocarpaceae

STEINEIBENGEWÄCHSE

Bis vor kurzem war umstritten, ob die Steineiben echte Koniferen sind. Anatomische Besonderheiten wie ihre fleischigen «Beeren» hatten nämlich nahegelegt, sie in eine eigene Gruppe einzuordnen. DNA-Untersuchungen haben jedoch ergeben, dass sie zu den echten Koniferen gehören.

Größe der Familie

Unter den 172 bekannten Arten sind Gärtnern vor allem die Gattungen *Dacrydium* (Harzeiben), *Phyllocladus* (Stieleiben), *Podocarpus* und *Prumnopitys* vertraut. Bei allen handelt es sich um immergrüne Bäume oder Sträucher.

Verbreitung

Die Podocarpaceae wachsen größtenteils auf der südlichen Erdhalbkugel, hauptsächlich in Australasien (Neuseeland, Neukaledonien und Tasmanien) sowie in Südamerika.

Herkunft

Als die Antarktis noch Teil des Superkontinents Gondwana war, auf dem ein wesentlich wärmeres Klima herrschte als heute, gab es dort große Steineibenwälder. In der frühen Kreidezeit begann Gondwana auseinanderzubrechen. So entstanden isolierte Bestände dieser uralten Pflanzen, die auf der südlichen Halbkugel verstreut wachsen.

Blätter

Die einzelnen Blätter der Steineiben sind spiralförmig angeordnet, entweder in Zweierreihen oder in Form winziger Schuppen. Einen Sonderfall stellt die Gattung *Phyllocladus dar.* Bei ihr färben sich die winzigen Schuppen schnell braun und fallen ab. Dann übernehmen stark umgebildete, blattähnliche Sprosse (Phyllokladien) die Photosynthese. Sie geben den Pflanzen ihr typisches, farnähnliches Aussehen.

Phyllocladus hypophyllus
Diese Art aus Malaysia trägt ungewöhnliche Sprosse (Phyllokladien), wird aber hauptsächlich wegen ihres Holzes geschätzt.

Prumnopitys montana

VERWENDUNG IM GARTEN

Steineiben können als Solitärbäume oder als geschnittene Hecke gepflanzt werden. Die roten, blauen oder violetten fleischigen Beeren werden manchmal für Konfitüre oder Obstkuchen verwendet. Sie schmecken süß, sind aber schwach toxisch, darum sollte man solche Speisen nur in kleinen Mengen genießen.

Samen

Steineiben und Eiben (Taxaceae – siehe S. 64–65) ähneln einander, denn in beiden Familien bilden die weiblichen Blüten fleischige «Beeren», die jedoch keine Beerenfrüchte im botanischen Sinn sind. Der Name «*Podocarpus*» leitete sich von den griechischen Wörtern *podus* (Fuß) und *karpos* (Frucht) ab und bezieht sich auf die beerenähnlichen Samen und Stängel vieler Arten. Jede Gattung weist typische Samen auf, was die Erkennung erleichtert. Bei manchen ist der Samen ganz von einem fleischigen Mantel umgeben *(Prumnopitys)*, bei anderen sitzt er auf dem Mantel *(Podocarpus nivalis)*. Gelegentlich wird außer dem Samen ein fleischiger, farbiger Stiel oder Fuß gebildet *(P. dispermus)*.

Giftstoffe

Steineiben sind, wie die eng mit ihnen verwandten Eiben, in allen Teilen giftig. Übermäßige Belastung mit den Pollen, die im Frühling und Frühsommer ausgeschüttet werden, kann Symptome auslösen, die den Nebenwirkungen einer Chemotherapie ähneln. Auch die Berührung männlicher Pflanzen kann Allergien auslösen.

Podocarpus neriifolius,
Oleanderblättrige Steineibe
Die eigentümlichen Früchte dieser Pflanzen sehen aus wie Beeren. Der Same hat einen fleischigen Mantel und sitzt auf einem fleischigen Rezeptakulum.

Pinaceae

KIEFERNGEWÄCHSE

Ob stattliche Zeder oder klassischer Weihnachtsbaum: Kieferngewächse sind wegen ihrer Zapfen und Nadeln allgemein bekannt. Sie bilden die größte Familie unter den Koniferen. Fast alle sind immergrün, ausgenommen nur die beiden Gattungen *Larix* (Lärche) und *Pseudolarix* (Goldlärche).

Größe der Familie

Die Kieferngewächse umfassen etwa 225 Arten, die sich auf 12 Gattungen verteilen. Sieben davon sind gut bekannt: Tannen *(Abies)*; Zedern *(Cedrus)*; Lärchen *(Larix)*; Fichten *(Picea)*; Kiefern *(Pinus)*; Douglasien *(Pseudotsuga)* und Hemlocktannen *(Tsuga)*.

Picea abies,
Gewöhnliche Fichte

Cedrus atlantica,
Atlas-Zeder

Verbreitung

Kieferngewächse kommen auf der gesamten nördlichen Halbkugel vor, die meisten Arten in gemäßigten Regionen. In subarktischem Klima wächst nur die Wald-Kiefer *(Pinus sylvestris)*, die einzige in Nordeuropa heimische Kiefern-Art. Von Europa bis Ostsibirien, auch über den Nordpolarkreis hinaus, bildet sie große Wälder, oft gemischt mit der Gewöhnlichen Fichte *(Picea abies)*, mit der sie verwandt ist. Die Banks-Kiefer *(Pinus banksiana)* ist in Kanada heimisch und tritt besonders weit nördlich auf. In subtropischen Ländern, vor allem in Mexiko, gibt es zahlreiche Pinaceae, aber nur eine wächst südlich des Äquators: *Pinus merkussi* auf Sumatra. Fast überall in gemäßigten Regionen wird man in der Nähe – vielleicht im eigenen Garten – einen Vertreter der Pinaceae finden. Besonders groß ist die Artenvielfalt aber in Nordamerika (einschließlich Mexiko), China und Japan.

Herkunft

Es wurden zwar etwa 300 Millionen Jahre alte Fossilien von Koniferen entdeckt, Funde aus dem Jura zeigen aber, dass es die ersten erkennbaren Pinaceae vor etwa 200–150 Millionen Jahren gab. Damals waren Koniferen die vorherrschenden Landpflanzen und eine Hauptnahrungsquelle der Dinosaurier. Die heute bekannten Arten und Gattungen haben sich aus diesen Vorfahren entwickelt, als sie neues Gelände besiedelten und sich an die Standortbedingungen anpassten.

Blätter

Alle Kieferngewächse haben Nadelblätter, die einzeln oder in verschiedenartigen kleinen Gruppen stehen. Die Nadeln sind so unverkennbar, dass nur eine Pflanze irrtümlich dieser Familie zugeordnet werden könnte: die japanische Schirmtanne *(Sciadopitys verticillata),* die wegen ihrer Eigentümlichkeit eine eigene Familie bildet. Wie bei manchen Kieferngewächsen sind ihre Nadeln in schirmförmigen Wirteln angeordnet, jedoch – anders als bei Kiefern – vorwiegend an den Zweigspitzen.

Pinus sylvestris, **Wald-Kiefer**

Abb.1.1

Abb.1.2

Abb.1.1. Bei Lärchen (z. B. *Larix decidua*) bilden die Nadeln immer kleine Büschel.

Abb.1.2. Kiefern (hier *Pinus banksiana*) tragen die Nadeln in kleinen Bündeln.

Anordnung und Merkmale der Nadeln sind hilfreich, um die Arten zu unterscheiden. Zedern- und Lärchenarten tragen ihre Nadeln stets in Büscheln oder kompakten Gruppen, während die Nadeln anderer Arten, etwa der echten Kiefern *(Pinus)* kleine Gruppen bilden (siehe Abb. 1.1 und 1.2 oben). *Picea, Abies, Tsuga, Pseudotsuga* tragen einzelne Nadeln und diese mitunter in zwei Längsreihen.

Als Weihnachtsbäume werden vor allem Fichte *(Picea),* Tanne *(Abies)* und Douglasie *(Pseudotsuga)* geschätzt. Tannen und Fichten lassen sich leicht unterscheiden, indem man über die Nadeln streicht. Sind sie weich und dick, handelt es sich vermutlich um eine Tanne. Sind sie hart und spitz, muss es eine Fichte sein.

Picea glauca,
Weiß-Fichte

Weiblicher Zapfen

Der Unterschied zwischen Tannen und Fichten ist an den Zapfen zu erkennen. Tannenzapfen stehen aufrecht auf den Zweigen, Fichtenzapfen hängen herab. Außerdem fühlen sich die breiten Nadeln von Tannen weich an, während die schlankeren Fichtennadeln hart und spitz sind.

Abies balsamea,
Balsam-Tanne

Zapfen

Jeder weiß, wie ein Kiefernzapfen aussieht. Der Unterschied zu den Zapfen anderer Koniferen besteht in der Art, wie die Schuppen einander überlappen: wie Schuppen eines Fischs. Der botanische Ausdruck dafür lautet «imbricat» (dachziegelartig). Zapfen von Kieferngewächsen können eiförmig, länglich, konisch und nahezu zylindrisch sein. Die Größe variiert zwischen 2 und 40 Zentimetern, von den kirschgroßen Zapfen der Lärche bis zu den riesigen Zapfen von *Pinus coulteri,* die so groß wie eine Ananas werden können. In Beständen dieser Bäume wird tatsächlich empfohlen, einen Helm zu tragen.

Bei manchen Gattungen stehen die Zapfen aufrecht auf den Zweigen *(Abies, Cedrus),* bei anderen hängen sie herab *(Picea, Pseudotsuga).* Douglasien können wie Fichten aussehen, verraten sich aber

Pinus muricata,
Bischofs-Kiefer

Pinus coulteri,
Coulter-Kiefer

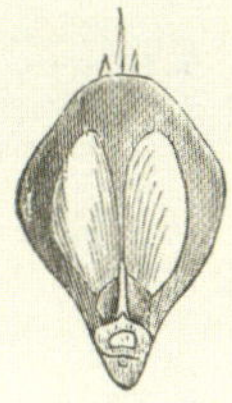

Zapfenschuppe

Einzelne Braktee

Pseudotsuga menziesii,
Douglasie
Douglasien wurden früher den echten Tannen *(Abies)* zugeordnet. Sie haben aber völlig andere Zapfen mit weichen Schuppen, die zwischen den harten Schuppen sitzen und drei Fortsätze haben.

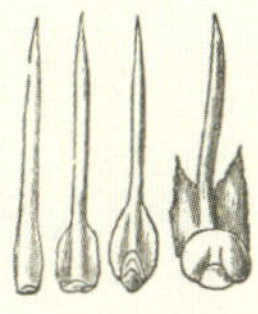

Braktee, Vorder- und Seitenansicht

durch die ungewöhnlichen, dreilappigen Brakteen, die zwischen den Schuppen der Zapfen vorstehen.

Die Reifung der Zapfen dauert zwischen sechs Monaten und drei Jahren. Dann zerfallen sie (*Abies* und *Cedrus*) oder die Zapfen trocknen und die Schuppen biegen sich zurück, sodass die Samen ausgeschüttet werden. Die Zapfen einiger Arten öffnen sich nur, wenn sie extremer Hitze oder Feuer ausgesetzt sind. Dies ist eine Anpassung an Standorte mit hoher Brandgefahr. Beispiele sind kalifornische Arten wie die Bischofs-Kiefer *(Pinus muricata)* oder die Monterey-Kiefern *(P. radiata)*, im Mittelmeerraum trifft es auf die Aleppo-Kiefer *(P. halepensis)* zu. Nach einem Waldbrand werden die Samen ausgeschüttet, keimen beim ersten Regen und wachsen in der versengten Landschaft.

VERWENDUNG IM GARTEN

Ob Pinienkerne oder Terpentin, ob Weihnachtsbaum oder Colophonium für Geigen: Ohne Kieferngewächse wäre die Menschheit ärmer. Die Bäume sorgen mit ihrem immergrünen Nadelkleid und der schönen Kronenform in der Landschaft für Aufsehen. Und unter den vielen Arten und Sorten findet sich garantiert eine, die das Klima und den Boden des eigenen Gartens verträgt. Viele Kieferngewächse ertragen Trockenheit, benötigen aber volle Sonne. In Küstenlagen bieten sie Windschutz, und für kleine Gärten gibt es zwergwüchsige Sorten wie *Pinus mugo* 'Mops' und *Abies balsamea* 'Nana'.

Pseudotsuga menziesii,
Douglasie

Cupressaceae

ZYPRESSENGEWÄCHSE

Die Zypressengewächse sind eine Familie von immergrünen Nadelgehölzen, die manchmal irrtümlich als Tannen bezeichnet werden, sich von echten Tannen *(Abies),* die zur Familie der Kieferngewächse (Pinaceae) gehören, aber deutlich unterscheiden.

Größe der Familie

Diese relativ große Koniferenfamilie umfasst etwa 130 Arten, darunter einige seltene und andere, die in den gemäßigten Regionen weit verbreitet sind. Besonders bekannt unter den 30 Gattungen sind Scheinzypressen *(Chamaecyparis),* echte Zypressen *(Cupressus),* Wacholder *(Juniperus)* und Lebensbaum *(Thuja).* Urweltmammutbaum *(Metasequoia),* Riesenmammutbaum *(Sequoiadendron)* und Küstenmammutbaum *(Sequoia)* bilden nach mancher Auffassung eine eigene Familie, die Taxodiacae. Mit Ausnahme von *Metasequoia* sind es immergrüne Bäume. Außerdem gibt es zahlreiche strauchige, zwergwüchsige, kriechende und bodendeckende Kulturformen.

Verbreitung

Abgesehen von tropischen Regenwäldern und der arktischen Tundra gibt es nicht viele Lebensräume, auf denen sich keine Cupressaceae angesiedelt haben. Ihre geografische Verbreitung reicht vom Nordpolarkreis in Skandinavien bis zur Südspitze Südamerikas. Die südlichste Konifere der Welt ist *Pilgerodendron uviferum,* heimisch in Feuerland, während *Juniperus indica* in den höchsten Gebirgslagen Tibets anzutreffen ist.

Der Gewöhnliche Wacholder *(Juniperus communis)* ist wahrscheinlich der am weitesten verbreitete Strauch der Welt, denn er ist in ganz Europa, Asien und Nordamerika verbreitet. Der Küstenmammutbaum *(Sequoia sempervirens)* andererseits wächst nur auf einem 725 km langen und 32 km breiten Küstenstreifen mit feuchtem Klima, das sich vom Südwestzipfel Oregons bis nach Monterey County in Südkalifornien erstreckt – und ist dort die vorherrschende Konifere. Der Urweltmammutbaum *(Metasequoia glyptostroboides)* war nur als Fossil bekannt, bis 1941 lebende Exemplare in einem sehr kleinen Gebiet in der chinesischen Provinz Hubei gefunden wurden. Wie einige andere Cupressaceae ist diese Art in ihrem natürlichen Lebensraum vom Aussterben bedroht.

Cupressus sempervirens,
Mittelmeer-Zypresse

Juniperus sabina,
Stink-Wacholder, Sadebaum

Juniperus communis,
Gewöhnlicher Wacholder

Herkunft

An Fossilien aus der Trias und dem Jura ist zu erkennen, wie sich die Zapfen der Koniferen über Jahrmillionen entwickelten. Anhand eines fossilen Zapfens, der auf der Isle of Skye in Westschottland gefunden wurde, lässt sich belegen, dass die Familie der Cupressaceae vor etwa 170 Millionen Jahren auftauchte.

Als sich die Kontinentalplatten weiter voneinander entfernten, verursachten Erdbeben und Vulkanaktivität Veränderungen von Klima und Landschaft. Die Mitglieder der Familie Cupressaceae wurden voneinander getrennt und entwickelten sich unterschiedlich weiter. Erst als Pflanzensammler im 18. und 19. Jahrhundert auf allen Erdteilen botanische Schätze aufspürten, kamen zum ersten Mal nach Millionen von Jahren entfernte Verwandte aus dieser Familie in botanischen Gärten wieder zusammen. Einige interessante Hybriden entstanden, beispielsweise zwischen japanischen und nordamerikanischen Lebensbäumen *(Thuja)* und die schnell wachsende Leyland-Zypresse (× *Cuprocyparis leylandii*). Letztere ist eine Kreuzung, die zuerst entdeckt wurde, als *Chamaecyparis nootkatensis* – heimisch am Nordwestpazifik – und Monterey-Zypresse *(Cupressus macrocarpa)* – heimisch in Kalifornien – in einer Baumschule in Leighton Hall in Wales erstmals in direkter Nachbarschaft gepflanzt wurden.

Sequoiadendron giganteum,
Riesenmammutbaum
Nur in einem kleinen Gebiet in der Sierra Nevada in Kalifornien findet man noch lebende Exemplare dieser Art, der einzigen in ihrer Gattung.

Blätter

Die meisten Zypressengewächse sind an ihren farnwedelartigen Zweigen leicht zu erkennen. Sie bestehen aus winzigen, schuppenartigen Blättern, die in gegenständigen Gruppen – meist Paaren, manchmal auch Dreier- oder Vierergruppen – angeordnet sind. Ausnahmen bilden *Metasequoia* und *Sequoia*, die längere Nadeln in Zweierreihen besitzen. Wegen dieses Merkmals wurden sie früher den Eiben (Taxaceae – siehe S. 64–65) zugeordnet.

Sequoia sempervirens,
Küstenmammutbaum

VERWENDUNG IM GARTEN

Gärtnerisch ist die Zypressenfamilie von großer Bedeutung, vor allem Wacholder, echte und falsche Zypressen sowie Lebensbäume. Es gibt Hunderte von Zuchtformen, darunter Bodendecker, Bäume mit aufrecht-säulenartigem Wuchs und andere stattliche Formen. Attraktiv ist auch die Rinde, die zumeist orange-bräunlich ist und sich in faserigen Streifen ablöst. Viele Arten sind sehr schnittverträglich und eignen sich für dichte Sichtschutzhecken oder für den Formschnitt. Beispiele sind ***Chamaecyparis lawsoniana, ×Cuprocyparis leylandii, Cupressus macrocarpa, Thuja plicata*** **und** ***T. occidentalis.***

Chamaecyparis lawsoniana,
Lawson-Scheinzypresse
Die kugelrunden Zapfen der Gattung *Chamaecyparis* sind nur etwa erbsengroß.

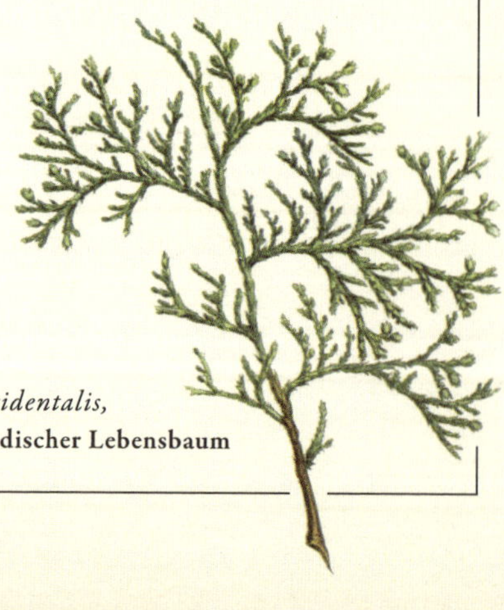

Thuja occidentalis,
Abendländischer Lebensbaum

Da die schuppenartigen Blätter oft sehr dicht sitzen, ist manchmal schwer zu erkennen, ob die gegenständigen Paare aus Zweier- oder Vierergruppen bestehen. Wacholder sind allerdings leicht zu identifizieren, weil ihre Schuppen bzw. Nadeln in Dreiergruppen angeordnet sind. Auch an ihren attraktiven Beerenzapfen sind sie zu erkennen. Viele Cupressaceae haben als Jungpflanzen nadelförmige Blätter und entwickeln erst später Schuppen. Einige Wacholderarten *(Juniperus communis)* behalten ihre Nadeln auch im Alter.

Zapfen

Juniperus nimmt eine Sonderstellung unter den Cupressaceae ein, weil er beerenartige Zapfen trägt. Alle anderen Arten bilden holzige Zapfen, an deren Aufbau die Zugehörigkeit zur Familie der Zypressengewächse (im Gegensatz zu Kieferngewächsen und anderen) zu erkennen ist. Um die einzelnen Mitglieder der Familie kennen zu lernen, studiert man am besten die kleinen Zapfen. Sie sind zunächst grün, werden in der Reife braun und holzig und verändern ihre Form, wenn sie sich öffnen, um die Samen auszuschütten.

Bei einigen weniger bekannten Arten wie den Weihrauchzedern *(Calocedrus)* sind die Zapfen wie eine Orange geteilt und breiten sich sternförmig aus. Kugelförmige Zapfen findet man bei echten und Scheinzypressen (*Cupressus* und *Chamaecyparis),* wobei Scheinzypressen nur erbsengroße Zapfen tragen, echte Zypressen deutlich größere. *Thuja*-Zapfen sind ähnlich klein wie die von *Chamaecyparis*, öffnen sich aber glockenförmig.

Die Zapfen von *Metasequoia*, *Sequoia* und *Sequoiadendron* sind eiförmig, etwa wie eine Kreuzung aus Kiefern- und Zypressenzapfen. Im Gegensatz zu Pinaceae haben sie keine überlappenden Schuppen und bleiben normalerweise jahrelang grün und geschlossen.

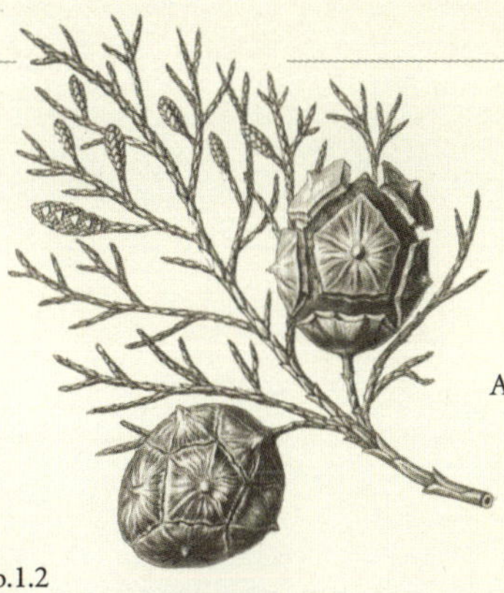

Abb.1.1

Abb.1.2

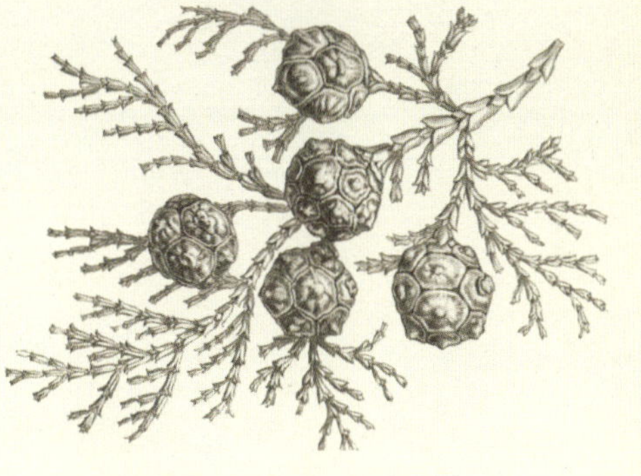

Abb.1.1. *Cupressus sempervirens* (Mittelmeer-Zypresse) ist eine echte Zypresse. Die runden Zapfen haben 3–4 cm Durchmesser und 10–14 Schuppen.

Abb.1.2. *Chamaecyparis obtusa* (Hinoki-Scheinzypresse) ist eine Scheinzypresse. Die runden Samenzapfen haben ca. 1 cm Durchmesser und 8–12 Schuppen.

Abb.1.3. Die großen Zapfen von *Sequoiadendron giganteum* (Riesenmammutbaum) haben 4–7 cm Durchmesser und 30–50 spiralförmig angeordnete Schuppen.

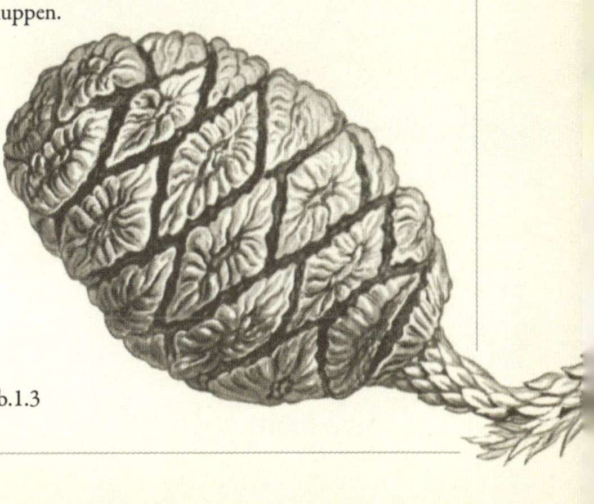

Abb.1.3

Taxaceae

EIBENGEWÄCHSE

Eiben erkennt man daran, dass sie keine Zapfen bilden. Stattdessen tragen die Angehörigen dieser Familie einzelne Samen in einem fleischigen Mantel. Aus diesem Grund wurden sie früher von den echten Koniferen abgegrenzt. DNA-Analysen belegen aber, dass sie enger mit diesen verwandt sind, als bislang angenommen wurde.

Größe der Familie

Diese relativ kleine Familie umfasst 28 Arten kleiner bis mittelgroßer Bäume und Sträucher. Zu den bekannteren Gattungen zählen Nusseiben *(Torreya)*, echte Eiben *(Taxus)* und Kopfeiben *(Cephalotaxus)*.

Taxus baccata 'Fastigiata',
Europäische Eibe

Verbreitung

Eiben wachsen auf der gesamten nördlichen Erdhalbkugel von Nordamerika bis Asien, aber auch in Südostasien und Mittelamerika. Die Art *Austrotaxus spicata* – zu finden auf der Pazifikinsel New Caledonia – zeigt eine enge Verwandtschaft mit der Familie der Steineiben (Podocarpaceae – siehe S. 54–55).

Herkunft

Die Angehörigen der Taxaceae sehen einander recht ähnlich. Alle stammen vom gemeinsamen, heute ausgestorbenen Vorfahren *Paleotaxus* ab und wurden durch geografische Veränderungen getrennt. Im Laufe von Jahrmillionen haben sich verschiedene Gattungen entwickelt, von denen heute nur noch einige existieren.

VERWENDUNG IM GARTEN

Eiben werden für den Garten wegen ihres mäßigen Wuchses, ihrer intensiven Färbung und der kompakten Wuchsform geschätzt. Sie eignen sich als Sichtschutz, Hecke und für den Formschnitt. Als Baum sieht man sie oft auf Friedhöfen, wo sie tiefen Schatten werfen. Die Pflanze ist hochgiftig und wird zur Herstellung des Krebs-Arzneistoffs Taxol verwendet.

Torreya, **Nusseibe**

Taxus baccata, **Europäische Eibe**

Cephalotaxus, **Kopfeibe**

Blätter

Die Angehörigen der Familie ähneln einander stark, sie zu unterscheiden erfordert ein geschultes Auge. Die dunklen, immergrünen Blätter sind spiralförmig angeordnet, aber meist an der Basis gedreht, sodass es aussieht, als stünden sie in zwei Reihen. Diese Blattanordnung führt leicht zu Verwechslungen mit anderen Koniferen, vor allem den Gattungen *Sequoia*, *Sequoiadendron* und *Metasequoia* aus der Familie der Zypressengewächse. Letztere bilden jedoch Zapfen, während Eiben Samen mit fleischigem Mantel tragen. Nusseiben *(Torreya)* haben spitze Nadeln, echte Eiben *(Taxus)* nicht.

Samen mit Samenmänteln

Die farbintensiven Samen mit ihren Samenmänteln sehen vor dem Hintergrund der dunkelgrünen Nadeln attraktiv aus. Der hochgiftige Same ist teilweise oder nahezu ganz von dem farbigen Mantel umgeben. Wenn Vögel die süßen, saftigen Samen mit ihren Mänteln fressen, scheiden sie den Samen unverdaut aus und sorgen so für die Ausbreitung.

Die Samenmäntel der meisten Eiben sind rot, nur die Gattung *Pseudotaxus* bildet weiße Samenmäntel. Nusseiben bilden Samen mit dünnen Mänteln, die wie Oliven aussehen. Die Samen der japanischen Art *Torreya nucifera* sind essbar und gelten im Land als Delikatesse.

Lilium candidum,
Madonnen-Lilie
Aus der Familie Liliengewächse
(Liliaceae – siehe S. 78–79).

Kapitel 2

Monokotyledonen und frühe Angiospermen

Der Zierwert von Gartenpflanzen beruht häufig auf ihren attraktiven Blüten. Angiospermen sind die einzigen Pflanzen, die blumige Blüten bilden. Ihre eigentliche Zielgruppe sind zwar Tiere, die für die Bestäubung sorgen, aber auch Gärtner schätzen ihren Charme.

Angiospermen entstanden vor etwa 130 Millionen Jahren, und Nachkommen einiger der ersten Arten existieren noch heute, darunter Seerosen und Magnolien. Mit ihren großen Blüten und den verschiedenen Wuchsformen haben diese ursprünglichen Pflanzen viel zu bieten.

Heute bilden die Angiospermen die weitaus größte Pflanzengruppe der Erde. Sie werden in zwei Hauptgruppen unterteilt, die Monokotyledonen und die Eudikotyledonen. Von diesen bilden die Monokotyledonen die kleinere Gruppe, doch ihr Wert ist beachtlich, denn zu ihnen gehören neben Getreide und anderen Nahrungspflanzen auch attraktive Gartenpflanzen wie Ziergräser, exotische Orchideen, duftende Lilien, Frühjahrs-Zwiebelblumen und reizvolle Blattpflanzen wie Funkien, Palmen und Bananen. Ihre Erkennungsmerkmale sind parallelnervige (streifennervige) Blätter und dreizählige Blüten.

Nymphaeaceae

SEEROSENGEWÄCHSE

Dass wir diese mehrjährigen Wasserpflanzen so leicht erkennen, verdanken wir teilweise dem französischen Impressionisten Claude Monet. Geschätzt werden sie, weil sie Teichen und Seen eine wunderbar ruhige Ausstrahlung verleihen.

Größe der Familie

Von den rund 95 bekannten Arten gehören die meisten zur vielfach kultivierten Gattung *Nymphaea*. Vielen Gärtnern sind auch Teichrosen *(Nuphar)* und die Riesenseerosengattungen *Euryale* sowie *Victoria* vertraut.

Verbreitung

Von den meisten frühen Angiospermen findet man nur noch Relikte auf abgelegenen Inseln, die Nymphaeaceae sind jedoch weltweit verbreitet. Sie kommen auf allen Kontinenten mit Ausnahme der Antarktis vor, sind allerdings in Polar-, Tundren- und Wüstenregionen normalerweise nicht anzutreffen.

Herkunft

Fossilien belegen, dass es Seerosen schon vor etwa 90 Millionen Jahren in der Kreidezeit gab. Die indische Lotosblume *(Nelumbo nucifera)* hat gewisse Ähnlichkeit mit den Seerosen, ist aber jünger und gehört einer eigenen Familie an, den Nelumbonaceae.

Blüten

Seerosen bilden charakteristische Einzelblüten, die auf der Wasseroberfläche schwimmen oder sich über sie erheben. Sie bestehen aus sechs bis zwölf Kelchblättern – manche grün, manche gefärbt – und acht oder mehr Kronblättern. Diese umrahmen zahlreiche Staubblätter, manche können auch teilweise zu Staubblättern umgebildet sein. Im Blütenzentrum befindet sich eine große, scheibenförmige Narbe.

Nymphaea alba,
Weiße Seerose

Nuphar lutea,
Gelbe Teichrose

VERWENDUNG IM GARTEN

Seerosen sind beliebt für den Gartenteich, sie bevorzugen aber ruhiges Wasser. Sie vertragen weder die Strömung von Bachläufen noch Turbulenzen durch Springbrunnen. Bei der Sortenwahl ist Vorsicht geboten, denn große Arten wie die Weiße Seerose *(Nymphaea alba)*, können einen Teich schnell zuwuchern. Achten Sie beim Kauf auf Angaben zur empfohlenen Wassertiefe und wählen Sie eine Art, die zur Tiefe Ihres Teichs passt.

Früchte

Die schwammigen Früchte schwellen an, platzen und schütten die Samen ins Wasser aus. Die flaschenförmigen Früchte der Gattung *Nuphar* schwimmen, während die Früchte anderer Seerosen unter die Wasseroberfläche sinken.

Blätter

Die schwimmenden Blätter sind meist rund, manchmal auch schmaler oder pfeilförmig. Härchen auf der Oberfläche sondern eine zähe Substanz ab, durch die sich die Blätter schleimig anfühlen.

Die Blätter entspringen einem dicken waagerechten Rhizom, das auf dem Grund liegt. Die riesigen Blätter der Gattungen *Victoria* und *Euryale* werden durch ein Netzwerk von hohlen Rippen stabilisiert. *Victoria*-Blätter besitzen außerdem aufgestellte Ränder und sollen stabil genug sein, um das Gewicht eines Kleinkindes zu tragen.

Lebensraum

Wie der Name verrät, leben die meisten Seerosen ganz oder teilweise unter Wasser. Nur *Nymphaea thermarum*, die kleinste Seerosenart der Welt, stammt aus dem feuchten Schlamm an den Abläufen heißer Quellen in Ruanda. Leider haben ansässige Bauern das Wasser zur Feldbewässerung umgeleitet, sodass der Lebensraum zerstört wurde. Heute gibt es diese Art nur noch in botanischen Gärten.

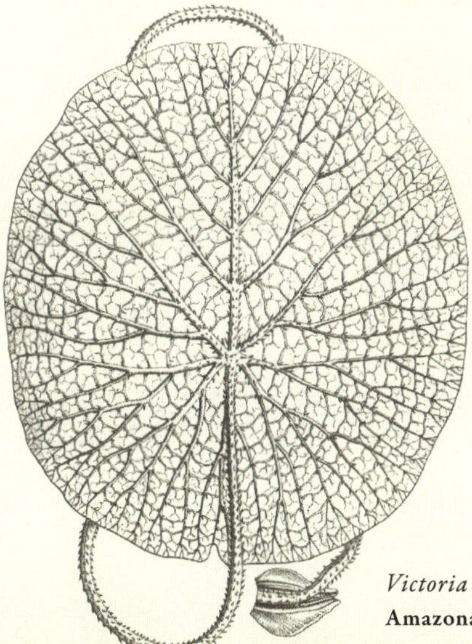

Victoria amazonica,
Amazonas-Riesenseerose

Magnoliaceae

MAGNOLIENGEWÄCHSE

Diese ungewöhnliche Familie von Bäumen und Sträuchern wird wegen ihrer oft großen, eleganten Blüten selten mit anderen verwechselt. Ihr gehören verschiedene große Bäume an, es gibt aber auch zahlreiche kleinere Arten, die sich für Gärten jeder Größe eignen.

Größe der Familie

Ursprünglich waren die 221 Arten dieser Familie in 12 oder mehr Gattungen eingeteilt, heute sind nur zwei anerkannt. Zwei Tulpenbaum-Arten fallen in die Gattung *Liriodendron*, alle übrigen werden als *Magnolia* klassifiziert.

Verbreitung

Magnolien kommen in den gemäßigten und tropischen Regionen Südostasiens und Amerikas häufig vor. Ähnlich verhält es sich mit den Tulpenbäumen: *Liriodendron tulipifera* ist im östlichen Nordamerika beheimatet, *Liriodendron chinense* in China.

Herkunft

Eine Handvoll Magnoliaceae-Fossilien stammen aus der früheren Kreidezeit (vor 105 Millionen Jahren), aus der späteren Phase dieser Epoche gibt es eine größere Zahl von Funden. Die ältesten fossilen Samen von *Liriodendron* sind etwa 93,5 Millionen Jahre alt. Fossilien beider Gattungen wurden auch in Europa gefunden, also außerhalb ihres heutigen natürlichen Verbreitungsgebiets.

Blüten

Die Blüten der Magnoliaceae sorgen teilweise deshalb für Aufsehen, weil sie im Frühjahr noch vor den Blättern erscheinen. Dies trifft aber nicht auf alle Arten zu, insbesondere nicht auf die immergrünen. Die einzeln stehenden Blüten sind anfangs von einem oder mehreren papierartigen, oft behaarten Hochblättern umgeben, die abfallen, wenn die Knospen anschwellen. Jede Blüte weist einen kegelförmigen Blütengrund auf, auf dem alle Blütenteile spiralförmig angeordnet sind.

Magnolia denudata, **Yulan-Magnolie**

VERWENDUNG IM GARTEN

Wo viel Platz zur Verfügung steht, sind stattliche Bäume wie die laubabwerfende Campbells Himalaya-Magnolie *(Magnolia campbellii)*, die Immergrüne Magnolie *(M. grandiflora)* oder eine Tulpenmagnolie ein großartiger Blickfang. Für kleinere Gärten empfehlen sich zierliche Arten wie *M. stellata* oder *M. sieboldii* mit ihren herabhängenden Blüten. Kulturformen von *M. laevifolia* und *M. Abbo* sind schnittverträglich und eignen sich für duftende Hecken.

Magnolia campbellii, **Campbells Himalaya-Magnolie**

Alle Magnolienblüten (hier *Magnolia campbellii*) haben im Zentrum ein kegelförmiges Rezeptakulum, an dem Kronblätter, Staubblätter und Fruchtblätter spiralförmig angeordnet sind.

Die zahlreichen, farbigen Kelchblätter und Kronblätter sind meist nicht zu unterscheiden. Ebenso zahlreich sind die Staubblätter mit kurzen, gedrungenen Staubfäden. In der Mitte der Blüte befindet sich eine Gruppe von Fruchtknoten, von denen jeder eine hakenförmige Narbe trägt.

Früchte

Nach der Bestäubung schwellen die Fruchtblätter an und verwachsen oft mit ihren Nachbarn zu eigenartig geformten Früchten. Nach der Reifung platzt jeder Fruchtknoten auf und gibt einen einzelnen Samen mit roter oder orangefarbener fleischiger Hülle frei. Die Samen hängen an Gewebsfäden herab und werden von Vögeln gefressen. Tulpenmagnolien bilden trockene, geflügelte Samen, die vom Wind verteilt werden.

Blätter

Die wechselständigen, einfachen Blätter der Magnolien sind unspektakulär. Immergrüne Blätter können wachsige oder behaarte Unterseiten haben. Tulpenmagnolien haben auffällige, vier- oder sechsfach gelappte Blätter mit flachen oder eingekerbten Spitzen.

Liriodendron tulipifera, **Tulpenbaum**

Araceae

Aronstabgewächse

Die Mitglieder der Aronstab-Familie sind an ihren typischen Blütenständen leicht zu erkennen. Einige Arten werden als Zimmerpflanzen kultiviert, viele sind giftig. Bei den meisten Arten handelt es sich um krautige (nicht verholzende) Pflanzen mit fleischigen unterirdischen Knollen oder Rhizomen.

Größe der Familie

Die Araceae sind mit etwa 3250 Arten in 105 Gattungen eine große Familie. Wegen der beträchtlichen Unterschiede in Aussehen und Größe wird die Familie gelegentlich in eine Reihe von Unterfamilien gegliedert.

Philodendron verrucosum

Verbreitung

Die Aronstabfamilie ist hauptsächlich in den Tropen heimisch, einige Arten sind aber auch in gemäßigtem Klima anzutreffen, darunter Kobralilien *(Arisaema)*, Gefleckter Aronstab *(Arum maculatum)*, Mäuseschwanz *(Arisarum proboscideum)*, Gewöhnliche Drachenwurz *(Dracunculus vulgaris)* und Calla *(Zantedeschia aethiopica)*.

Herkunft

Fossilfunde belegen, dass die Araceae zu den ältesten Blütenpflanzen gehören. In der frühen Kreidezeit (vor 140–130 Millionen Jahren) begannen sich die Arten zu entwickeln. Ursprünglich waren es vermutlich Feuchtzonenpflanzen. Dadurch erklärt sich, dass viele Aronstabgewächse sehr feuchten Boden tolerieren. *Zantedeschia aethiopica* und *Lysichiton americanus* eignen sich beispielsweise gut als Uferpflanzen für den Gartenteich.

Invasive Art

Der Wassersalat *(Pistia stratoides)* gilt in vielen Ländern als problematisches Unkraut, weil er wegen seiner extremen Ausbreitung Wasserwege blockieren und natürliche Lebensräume vernichten kann. Im Garten empfiehlt es sich, diese Pflanze zu meiden und vorhandene Exemplare sorgfältig zu beseitigen.

Arisaema utile

Blüten

Die Blütenstände der Araceae sind aufgrund ihrer Form unverkennbar. Manchmal tragen sie eine Art Kragen wie bei der Kobralilie *(Arisaema)*, gelegentlich sind sie geheimnisvoll düster und eventuell leuchtend gefärbt wie beim *Anthurium*. Die Art *Arisarum proboscideum* trägt wegen der langen, schmalen Spitze des Hochblatts den Populärnamen Mäuseschwanz. Den größten einzelnen Blütenstand der Welt hat der Titanenwurz *(Amorphophallus titanum)* aus Südostasien.

Die Blütenstände aller Araceae bestehen aus einem fingerförmigen Spadix, an dem die Blütenteile sitzen, und einem Hüllblatt, der Spatha. Der Spadix vieler Arten verströmt einen Aasgeruch, um Fliegen und Käfer zur Bestäubung anzulocken. Gelegentlich erwärmt sich der Spadix, damit sich der Geruch weiter verbreitet.

Blätter

Die Blätter sind einfach, gelappt oder geteilt und entspringen aus der Basis der Pflanze oder einem höheren Sprossachsenbereich. *Dieffenbachia*, Fensterblatt *(Monstera deliciosa)* und Baumfreund *(Philodendron)* sind als Zimmer-Grünpflanzen beliebt. Ältere Blätter des Fensterblatts können große Löcher aufweisen.

VERWENDUNG IM GARTEN

Pfeilblatt *(Alocasia)*, Zehrwurz *(Colocasia)* und Tannia *(Xanthosoma)* werden in den Tropen kultiviert, wo ihre stärkehaltigen Rhizome – Taro genannt – ein Grundnahrungsmittel sind. Andere Aronstabgewächse werden als Zimmer- und Gartenpflanzen kultiviert. Die Hochblätter von *Anthurium* und Calla *(Zantedeschia)* finden auch in der Floristik Verwendung.

Anthurium

Melanthiaceae

Germergewächse

Bis vor kurzem wurden die Melanthiaceae noch den Liliengewächsen (Liliaceae) zugeordnet, neue Untersuchungen konnten aber nennenswerte Unterschiede in der DNA nachweisen. Da die Pflanzen beider Familien sich in Aussehen, Blütenform und Kulturansprüchen aber stark ähneln, werden sie von Gärtnern meist als eine Gruppe betrachtet.

Größe der Familie

Im Vergleich zu den Liliengewächsen sind die Melanthiaceae eine relativ kleine Familie. Sie umfasst 16 Gattungen mit insgesamt 120 Arten krautiger Pflanzen mit aufrechten, ährenförmigen Blütenständen, darunter beispielsweise Sumpf-Scheinnelke *(Helonias bullata)*, Falsches Einhorn *(Chamaelirium luteum)*, *Schoenocaulon*, *Stenanthium*, Germer *(Veratrum)*, *Xerophyllum asphodeloides* und Waldlilie *(Trillium)*.

Der Name der Familie leitet sich von der Gattung *Melanthium* ab, der nur vier Arten von Knollengewächsen angehören. Der bekannteste Vertreter der Familie ist wahrscheinlich die Waldlilie *(Trillium)*, ein Waldbodenbewohner mit hübschen Blüten. Ähnlich, aber weniger auffällig sind die eng verwandten Einbeeren *(Paris)*. Beliebt ist auch der Germer *(Veratrum)*, der auf feuchten Bergwiesen wächst.

Verbreitung

Wahrscheinlich stammt die Familie ursprünglich aus Nordamerika, heute ist sie auch in Asien verbreitet. In Europa gibt es einige wenige Vertreter. Eine Handvoll amerikanischer Arten ist in Mittelamerika zu finden, einige auch in nördlichen Regionen Südamerikas. *Trillium* hat wahrscheinlich von allen Gattungen die größte Verbreitung.

Xerophyllum asphodeloides

Helonias bullata,
Sumpf-Scheinlilie

Herkunft

Fraglos haben die Familien Melanthiaceae und Liliaceae gemeinsame Vorfahren. Fossilfunden zufolge traten Liliengewächse zuerst um die Zeit der Kreide-Paläogen-Grenze auf. Untersuchungen legen nahe, dass die Melanthiaceae schon relativ früh im Familienstammbaum einen eigenen Entwicklungsweg einschlugen.

Überdauerungsorgane

Melanthiaceae sind krautige Pflanzen. Die meisten bilden geschwollene Speicherorgane wie Zwiebeln, Knollen, Rhizome oder fleischig verdickte Wurzeln. In gemäßigtem Klima sterben die oberirdischen Teile nach harter Witterung im Sommer oder Winter (je nach Lebensraum) ab, und die Pflanze überdauert unterirdisch, bis günstigere Bedingungen eintreten.

Blüten

Mit Ausnahme der Einbeere *(Paris quadrifolia)* sind die Blüten der Melanthiaceae *dreizählig*. So finden sich in der Gattung *Veratrum* stets sechs Kronblätter, und die Blüten der Waldlilie *(Trillium)* sind dreigeteilt. Jeder Spross trägt drei Hochblätter, in deren Zentrum sich die Blüte mit drei Kelchblättern, drei Kronblättern, zwei Paaren von je drei Staubblättern und drei Fruchtblättern befindet. Die Blüten der Einbeere sind ähnlich aufgebaut, jedoch vierzählig.

VERWENDUNG IM GARTEN

Viele Arten und Sorten der Gattung *Trillium* eignen sich für den Gehölzgarten. *Veratrum* bevorzugt Sonne und zuverlässig feuchten Boden. Viele Arten sind giftig. Die amerikanischen Ureinwohner nutzten Wurzelextrakte für Insektizide, Arzneien und Pfeilgifte.

Veratrum nigrum,
Schwarzer Germer

Trillium grandiflorum,
Großblütige Waldlilie

Paris quadrifolia,
Einbeere
Die Einbeere wird manchmal mit der Waldlilie *(Trillium)* verwechselt, unterscheidet sich von dieser aber durch die vierzählige Blüte.

Colchicaceae

ZEITLOSE

Wie die Melanthiaceae sind auch die Colchicaceae eine recht neue Familie. Sie entstand durch eine botanische Neubewertung der Liliengewächse (Liliaceae – siehe S. 78–79), bei der 15 Gattungen ausgegliedert wurden. Zu den Colchicaceae gehören ausschließlich kleine bis mittelgroße Blütenpflanzen mit unterirdischen Knollen oder Rhizomen.

Größe der Familie

Von den 225 beschriebenen Arten gehören etwa zwei Drittel der Gattung *Colchicum* an. Die weniger bekannte Gattung *Wurmbea* umfasst etwa 50 Arten.

Verbreitung

Der Großteil dieser Familie scheint im südlichen Afrika heimisch zu sein, nur die Gattung *Colchicum* ist in großen Teilen Afrikas, im Mittelmeerraum, Teilen Europas und Westasiens verbreitet. Vertreter der Gattung *Disporum* sind von Nordindien bis Japan und Südostasien anzutreffen. Einige Arten sind in Australien heimisch. Die einzige amerikanische Gattung sind die Goldglocken *(Uvularia)* mit vier Arten in den USA und in Ostkanada.

Disporum cantoniense,
Feenglöckchen

Herkunft

Wie die Melanthiaceae haben auch die Colchicaceae gemeinsame Vorfahren mit den Liliengewächsen. Beide Familien haben sich vor etwa 60 Millionen von den Liliaceae abgespalten und eigenständig weiterentwickelt. Eine weitere Familie, auf die dies zutrifft, sind die Inkalilien (Alstroemeriaceae).

Blüten

Wegen ihrer Blütenform werden Zeitlosen *(Colchicum)* oft irrtümlich für Frühjahrskrokusse gehalten, die zur Unzeit blühen, oder für Herbst-Krokusse, deren Blüten im Herbst erscheinen. Echte Krokusse *(Crocus)* gehören aber zur Familie der Schwertliliengewächse (Iridaceae – S. 82–83) und sind anhand der Zahl ihrer Staubblätter zu erkennen. Iridaceae haben nur drei Staubblätter, Colchicaceae hingegen meist sechs. Andere Zeitlosen-Arten wie die vielen Angehörigen der Gattung *Disporum* oder die Laternenlilie *(Sandersonia aurantiaca)* mit ihren orangefarbenen Blüten haben Ähnlichkeit mit Lilien.

Der lateinische Name *Uvularia* spielt möglicherweise auf die Form der hängenden Blüten an, die entfernt an das Zäpfchen im menschlichen Rachen (Uvula) erinnert.

Colchicum autumnale,
Herbst-Zeitlose

Sandersonia aurantiaca,
Laternenlilie

Blätter

Die Blätter der meisten Colchicaceae sind länger als breit und ähneln insofern beliebten Zwiebelblühern. Breiter und elliptisch sind die Blätter der Arten der Gattung *Disporum.* Alle sind parallelnervig. Die Ruhmeskrone *(Gloriosa)* entwickelt an den Blattspitzen Ranken, mit denen die Pflanze klettert.

Um die heißen afrikanischen Sommer oder die harten asiatischen und europäischen Winter zu überdauern, sterben die oberirdischen Teile vieler Arten ab. Wenn die Bedingungen günstiger werden, erscheinen zuerst die Blätter und bald danach die Blüten. Die Blätter der Gattung *Colchicum* sterben ab, bevor im Spätsommer oder Herbst die Blüten erscheinen, sodass diese etwas «nackt» aussehen.

Gloriosa superba,
Ruhmeskrone

Liliaceae

LILIENGEWÄCHSE

Ohne Liliengewächse, zu denen Tulpen *(Tulipa)*, Kaiserkronen *(Fritillaria)* und Zahnlilien *(Erythronium)* gehören, wäre der Frühlingsgarten deutlich ärmer. Echte Lilien *(Lilium)* setzen das Farbenspiel bis in den Sommer und Herbst hinein fort.

Tulipa gesneriana,
Garten-Tulpe

Größe der Familie

Durch Ergebnisse der DNA-Forschung mussten viele Pflanzenfamilien neu definiert werden, allen voran die Liliaceae. Früher verteilte man ihre rund 4500 Arten auf 300 Gattungen. Heute umfasst sie nur noch 600 Arten in 15 Gattungen.

Verbreitung

Liliaceae kommen nur auf der nördlichen Halbkugel vor. Am größten ist die Artenvielfalt im Himalaya und in China. Die Pflanzen wachsen auf Grasland, auf dem Waldboden und auf Bergwiesen. Alle sind krautig, mehrjährig und bilden Zwiebeln oder Rhizome.

Herkunft

Fossilien von Liliaceae konnten auf die späte Kreidezeit (vor 100–70 Millionen Jahren) datiert werden. Die Bestimmung dieser Fossilien ist aber umstritten, zumal die Klassifizierung dieser Familie erheblich verändert wurde.

Blüten

Die Pflanzen dieser Familie tragen meist schmückende Blüten mit je drei Kron- und Kelchblättern, die einander ähneln und oft mit Streifen oder Sprenkeln gezeichnet sind. Die Gattung *Scoliopus* besitzt lediglich drei Kronblätter, während sich bei Mormonentulpen *(Calochortus)* Kelchblätter und

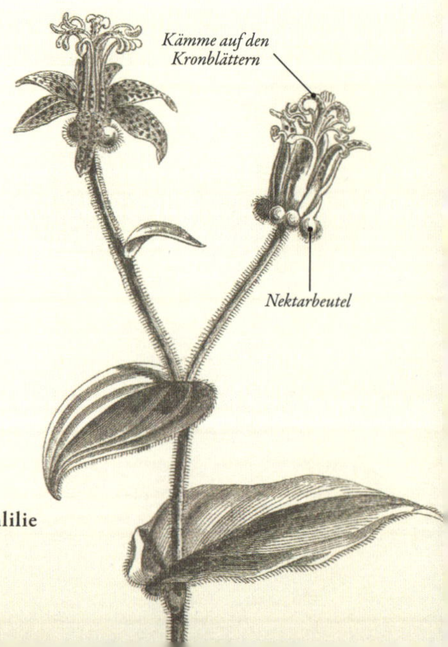

Tricyrtis macropoda,
Hohe Krötenlilie

Clintonia borealis

Kronblätter unterscheiden. Krötenlilien *(Tricyrtis)* tragen auf den drei Kelchblättern Drüsen, die Nektar absondern, während die Kronblätter vorspringende Kämme tragen. Sechs vorstehende Staubblätter, die manchmal große Mengen von Pollen produzieren, sind die Regel, lediglich die Gattung *Scoliopus* besitzt nur drei. Die Blüten vieler *Lilium*-Arten duften süß, die der Kaiserkrone *(Fritillaria imperialis)* dagegen unangenehm.

Früchte

Liliaceae bilden normalerweise Kapselfrüchte, die aufplatzen, wenn sie trocken sind. *Clintonia* und Indianer-Schlangenwurzel *(Medeola virginica)* tragen schwarze, blaue oder violette Beeren.

Blätter

Die einfachen Blätter der Liliaceae bilden typischerweise eine grundständige Rosette oder sind wechselständig an der unverzweigten Sprossachse angeordnet. Einige Arten, darunter Türkenbund-Lilie *(Lilium martagon)*, Schatten-Schachblume *(Fritillaria camtschatcensis)* und Indianer-Schlangenwurzel *(Medeola virginica)* tragen wirtelige Blätter. Die meisten Blätter haben keinen oder einen kaum erkennbaren Blattstiel.

VERWENDUNG IM GARTEN

Liliaceae sind beliebte und vielseitige Gartenpflanzen. Tulpen können als Frühlingsschmuck in Kübel und Beete gepflanzt werden, Lilien bereichern den Garten im Sommer mit ihren Farben, und die Krötenlilien blühen zum Abschluss der Saison. Die Riesenlilie *(Cardiocrinum)* ist ein eindrucksvoller Blickfang, während die kleineren Blüten von *Clintonia, Nomocharis, Prosartes* und *Streptopus* dazu einladen, sie aus der Nähe zu betrachten. Wer keinen Wert auf einen makellosen Rasen legt, kann Wildtulpen *(Tulipa sylvestris, T. sprengeri)* und Schachbrettblumen *(Fritillaria meleagris)* im Gras verwildern lassen.

Fritillaria meleagris,
Schachbrettblume

Schädlinge

Eine Gefahr für Gartenlilien stellt das Lilienhähnchen *(Lilioceris lilii)* dar, das in Teilen Europas und Asiens heimisch ist, sich aber auf der ganzen nördlichen Halbkugel verbreitet hat. Die roten Käfer und ihre Larven richten an Lilien und Fritillarien erheblichen Fraßschaden an. Erwachsene Tiere und Larven verstecken sich oft unter den Blättern und sollten abgesammelt werden.

Orchidaceae

Orchideengewächse

Orchideen werden wegen ihrer hinreißenden Blüten geschätzt und manchmal mit geradezu fanatischer Hingabe kultiviert. Es gibt zwar eine enorme Zahl von Arten und Sorten, doch alle fallen in zwei Gruppen: Sie wachsen entweder auf dem Boden (terrestrisch) oder auf Ästen von Bäumen (epiphytisch).

Größe der Familie

Die Orchideenfamilie ist mit über 18 000 Arten sehr groß, weist aber deutlich weniger Varianz auf als viele der kleineren Familien.

Spathoglottis plicata
Terrestrische Orchideen haben verdickte Pseudobulben, die sich auf oder knapp unter dem Boden befinden.

Verbreitung

Außer in der Antarktis und in sehr trockenen oder kalten Regionen gibt es überall auf der Welt wild wachsende Orchideen – von den feuchten Berghängen Norwegens bis zu den trockenen Savannen Südamerikas. Am größten ist ihre Zahl in den Tropen.

Herkunft

Da es keine Fossilfunde dieser Pflanzenfamilie gibt, ist ihr Alter sehr umstritten. Im Jahre 2007 wurde eine in Bernstein eingeschlossene Biene gefunden, die auf ihrem Rücken Orchideenpollen trug. Das weist darauf hin, dass die ersten Orchideen in der späten Kreidezeit (vor 80–76 Millionen Jahren) auftauchten.

Blüten

Orchideen sind vor allem wegen ihrer einzigartigen Blüten bekannt. Die Bandbreite der Formen und Größen ist riesig, aber alle sind nach demselben Muster aufgebaut. Sie bestehen aus je drei Kelch- und Kronblättern, wobei eines der Kronblätter sich immer von den anderen unterscheidet und eine Lippe (Labellum) bildet. Diese gibt den Orchideenblüten ihre charakteristische Form. Die übrigen Kelch- und Kronblätter sind sich in Form und Größe meist sehr ähnlich. Das Labellum ist

Bulbophyllum anceps
Mit modifizierten Luftwurzeln halten sich Epiphyten an ihrem Wirt fest und nehmen Feuchtigkeit aus der Luft auf.

oft deutlich größer als die anderen Kronblätter. Es kann gelappt sein, Vorwölbungen, Härchen, Warzen oder einen Kiel tragen, und oft zeigt es auch bizarre Farbkombinationen. Anhand der Blüten sind Orchideen leicht von anderen Pflanzenfamilien zu unterscheiden. Es gibt jedoch noch weitere Merkmale, die nur bei Orchideen vorkommen. So sind die Samen, aus denen die Pflanzen entstehen, mikroskopisch klein: Sie bestehen nur aus wenigen Zellen. Jede Frucht einer einzelnen Blüte kann über eine Million Samen produzieren. Diese benötigen für Keimung und Wachstum die Unterstützung von bodenbewohnenden Pilzen.

Blätter

Viele tropische und subtopische Orchideen besitzen Pseudobulben – spezielle Organe zur Wasser- und Nährstoffspeicherung in Form leichtangeschwollener Achsenteile oder grün glänzender Organe, aus denen die Blätter entspringen. Die Blätter selbst sind fleischig, einfach und ganzrandig, fast immer grundständig oder wechselständig an der Sprossachse angeordnet.

Bestäubung

Jede Orchideenart hat ihre spezifischen Bestäuber. Dazu gehören Bienen, Wespen, Fliegen, Ameisen, Käfer, Kolibris, Fledermäuse und Frösche. Mit ihrer Form, dem Duft und der Farbe lockt die Blüte den passenden Bestäuber an. Gelegentlich ist dabei Täuschung im Spiel. So halten männliche Bienen die Blüten mancher Arten für weibliche Tiere, versuchen diese zu begatten und übertragen dabei den Pollen von einer Blüte zur anderen.

Auch für den Königin-Frauenschuh *(Cypripedium reginae)* mit seiner pantoffelförmigen Lippe gilt der Grundbauplan aller Orchideenblüten.

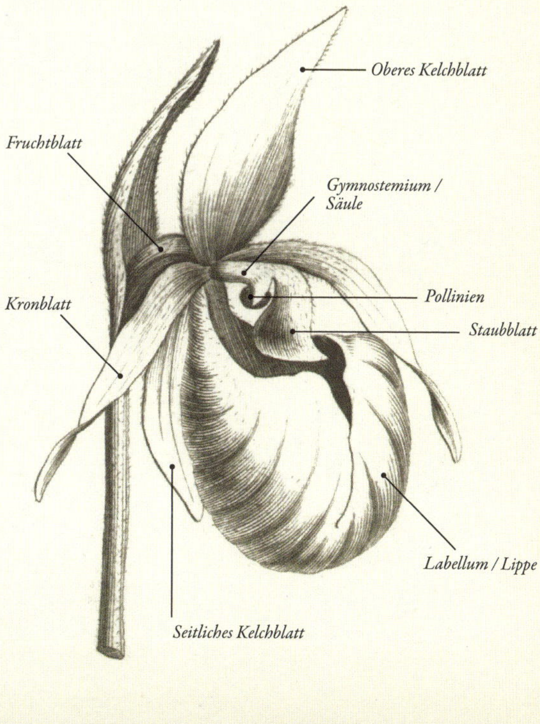

Iridaceae

Schwertliliengewächse

Es passt zu den farbenfrohen Mitgliedern dieser Familie, dass sich ihr Name von dem lateinischen Wort «iris» – Regenbogen – ableitet. Praktisch alle sind krautig (nicht verholzend) und besitzen unterirdische Speicherorgane, meist Knollen *(Gladiolus)* oder Rhizome (*Sisyrinchium* und *Iris barbata*), seltener Zwiebeln *(Iris reticulata)*.

Iris domestica,
Leopardenblume

Verbreitung

Außer in Asien findet man Vertreter dieser Familie weltweit in tropischen und gemäßigten Zonen. Besonders groß ist die Artenvielfalt in Südafrika, dem östlichen Mittelmeerraum sowie in Mittel- und Südamerika.

Herkunft

Weil es nur sehr wenige Fossilfunde gibt, sind sich die Wissenschaftler über die Geschichte dieser Familie noch nicht im Klaren. Es gibt eine entfernte Verwandtschaft mit den Orchidaceae und engere Verbindungen zu den Amaryllidaceae und Asphodelaceae.

Größe der Familie

Die Familie umfasst 70 Gattungen mit über 2000 Arten, darunter viele bekannte Gartenpflanzen wie *Crocosmia*, *Crocus*, *Dierama*, *Freesia*, *Gladiolus*, *Sisyrinchium*, *Tigridia* und selbstverständlich *Iris*. Die Pflanzen haben einen aufrechten Wuchs. Ihre Höhe variiert von einigen Zentimetern *(Crocus)* bis maximal Brusthöhe *(Crocosmia)*.

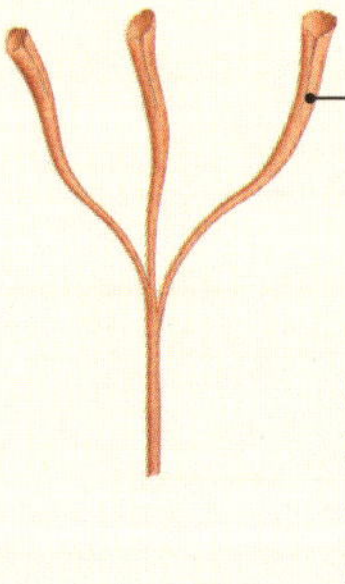

Crocus sativus,
Safran-Krokus
Der Safran-Krokus kommt in der Natur nicht vor, wird aber seit Jahrhunderten vegetativ vermehrt. Wahrscheinlich handelt es sich um eine spontane Mutation von C. cartwrightianus.

Abb.1.1. *Dietes butcheriana* ist eine Rhizompflanze, die der echten Iris stark ähnelt, allerdings sind die Blütenblätter nicht an ihrer Basis zu einer Röhre zusammengewachsen.

Abb.1.2. *Moraea lurida* sieht ähnlich aus wie *Dietes* und unterscheidet sich von Iris durch die Blüte. *Moraea* und *Dietes* unterscheiden sich durch die Wurzeln: *Dietes* hat ein Rhizom, *Moraea* ist eine Knollenpflanze.

Abb.1.3. *Dierama pendulum* (Trichterschwertel) trägt einen passenden Namen. «Dierama», griechisch für «Trichter», beschreibt die Form der Blüten, und «pendulum» die Art, wie sie am Blütenstiel hängen.

Blüten

Während sich die Arten der Iridacaeae im Habitus ähneln, gibt es bei den Blüten eine große Varianz. Manche sind recht einfach und regelmäßig, andere stärker umgebildet.

Allen gemeinsam ist, dass die Blüten männliche und weibliche Organe, sechs Kronblätter und drei Staubblätter enthalten. Meist sind sie in langen Cymen oder Trauben angeordnet, manchmal steht nur eine Einzelblüte an der unverzweigten Sprossachse oder, wie bei Krokussen, über dem Boden.

Die sechs Kronblätter können regelmäßig *(Sisyrinchium)* oder unregelmäßig (einige *Gladiolus*) angeordnet sein. Sie können an der Basis zu einer Röhre mit variabler Länge verwachsen sein oder mehr oder weniger frei stehen *(Moraea)*. Sie stehen in zwei Wirteln mit je drei Blättern, die gleich groß sind und der Blüte eine regelmäßige Form geben. Bei der Bart-Iris sind sie unregelmäßig angeordnet: Die aufrechten Kronblätter bilden den «Dom», während die kronblattartigen Sepalen herabhängen.

Die Bestäubung der meisten Iridaceae übernehmen Tag- und Nachtfalter, Käfer, Fliegen und andere Insekten. Nur einige afrikanische Arten aus den Gattungen *Crocosmia* und *Gladiolus* werden von Vögeln (Nektarsaugern) bestäubt. Die Blüten des Trichterschwertels *(Dierama)* hängen an wippenden, drahtigen Stielen und werden vom Wind bestäubt.

Gladiolus imbricatus,
Wiesen-Siegwurz

Amaryllidaceae

AMARYLLISGEWÄCHSE

Der Name der Familie bezieht sich auf die Gattung *Amaryllis*, aber die bekanntesten Vertreter der Familie sind die Narzissen *(Narcissus)*. Die Familie umfasst krautige Zwiebel- und Rhizompflanzen mit riemenförmigen Blättern. Die meisten treiben im Frühjahr aus und ziehen nach der Blüte das Laub ein.

Größe der Familie

Dies ist eine relativ große Familie mit 600 Arten in 90 Gattungen. Seitdem die Amaryllidaceae zu Beginn des 19. Jahrhunderts beschrieben und klassifiziert wurden, hat es viele Änderungen gegeben. Einige Gattungen wurden entfernt und neu klassifiziert. Drei Unterfamilien wurden definiert: Agapanthoideae, denen *Agapanthus* angehört; Allioideae mit den Lauchgewächsen *(Allium)* sowie Amaryllidoideae, in die Narzissen *(Narcissus)* und Schneeglöckchen *(Galanthus)* fallen.

Nerine humilis,
Guernseylilie

Narcissus major,
Narzisse

Verbreitung

Die Familie ist weltweit verbreitet, hauptsächlich aber in warm-gemäßigten, subtropischen und tropischen Gebieten. *Narcissus*, *Galanthus* (Schneeglöckchen) und *Leucojum* (Knotenblume) sind vorwiegend im kühl-gemäßigten Nordeuropa anzutreffen.

Herkunft

Da kaum Fossilien der Amaryllidaceae gefunden wurden, weiß man wenig über ihre Evolutionsgeschichte. Botaniker vermuten ihren Ursprung in der Kreidezeit, die ältesten Fossilfunde stammen aber aus dem Miozän (vor nur 15 Millionen Jahren).

Blüten

Die attraktiven dreizähligen Blüten sind zwittrig und fast immer regelmäßig geformt. Sie stehen in Dolden, manchmal auch einzeln, paarweise oder zu dritt. Knospen oder knospige Blütenstände sind häufig von papierartigen Hochblättern (Brakteen) umhüllt.

Da Kronblätter und Kelchblätter einander stark ähneln, werden sie gemeinsam als Tepalen bezeichnet. Sie bilden zwei Dreierwirtel (insgesamt sechs Tepalen), die frei *(Galanthus, Leucojum, Amaryllis, Nerine)* oder zu einer Röhren-

oder Trichterform verwachsen sein können *(Crinum, Zephyranthes, Sternbergia, Cyrtanthus).*

Der innere Blütenteil der Gattung *Narcissus* wird als Corona bezeichnet. Er kann lang und trompetenförmig oder flach und schalen- oder scheibenförmig sein und sich in der Farbe von der Corolla unterscheiden. Ähnlich aufgebaut sind die Blüten einiger Gattungen der Allioideae *(Pancratium, Hymenocallis, Tulbaghia).*

Bei den Unterfamilien Agapanthoideae und Allioideae sind die Fruchtknoten oberständig, bei den Amaryllidoideae unterständig. Sie bestehen aus drei miteinander verwachsenen Fruchtblättern und bilden trocken Kapseln oder fleischige Früchte wie bei der Gattung *Clivia.*

Blätter

Die meisten Mitglieder haben lineale oder riemenförmige Blätter, die aus einer Knolle oder einem Rhizom entspringen. Fast alle sind sommergrün, nur wenige immergrün *(Clivia).* Die Blätter sind zart und fleischig.

VERWENDUNG IM GARTEN

Der Familie gehören viele bekannte Zierpflanzen an, darunter Narzissen, Schneeglöckchen, Märzenbecher, Belladonnalilie *(Amaryllis belladonna),* Ritterstern *(Hippeastrum)* sowie spät blühende *Nerine* und *Sternbergia.* Zur Gattung *Allium* gehören Gemüsearten wie Zwiebeln, Porree, Knoblauch und Schnittlauch.

Allium caeruleum,
Blau-Lauch

Leucojum vernum,
Frühlings-Knotenblume

Clivia miniata,
Klivie

Asphodelaceae

AFFODILLGEWÄCHSE

Diese Familie umfasst winterharte Stauden und wenige Bäume und Sträucher. Sie wurde erst kürzlich eingerichtet und enthält Gattungen aus verschiedenen anderen Familien. Der ursprüngliche Name Xanthorrhoeaceae wurde vereinfacht.

Größe der Familie

Die Familie umfasst rund 900 Arten. Davon fällt die Hälfte in die Sukkulenten-Gattung *Aloe.*

Weitere große Gattungen sind *Bulbine* (80 Arten), *Kniphofia* (75 Arten) und *Haworthia* (60 Arten). *Hemerocallis* (Taglilie), *Phormium* (Neuseeländer Flachs) und *Eremurus* (Steppenkerze) sind beliebte Zierpflanzen für den Garten.

Verbreitung

Die meisten Mitglieder dieser Familie kommen nur in der Alten Welt (Asien, Afrika und Europa) vor, in gemäßigten wie auch in tropischen Regionen. Nur zwei Gattungen finden sich in Südamerika. Besonders groß ist der Artenreichtum in Südafrika und Australien. In den Polargebieten und Nordafrika ist die Familie nicht vertreten.

Herkunft

Von dieser Familie wurde fossil nur ein einzelnes Exemplar aus dem Eozän (vor etwa 45 Millionen Jahren) in Australien gefunden.

Blüten

Die meisten bekannten Arten tragen ihre Blüten auf verzweigten oder unverzweigten Stielen über der Blattrosette. Die Blüten bestehen aus sechs ähnlichen, oft intensiv gefärbten Kelch- und Kronblättern. Sie können miteinander verwachsen *(Kniphofa),* teilweise verwachsen *(Hemerocallis)* oder ganz frei sein *(Asphodelus).* Bei der Gattung *Aloe* sind die Kelchblätter teilweise verwachsen und die Kronblätter frei. Einige Zuchtformen besitzen mehrere Kronblätter. Jede Blüte enthält sechs Staubblätter, die manchmal behaart sind. Einige Blüten sind nektarreich.

Hemerocallis dumortieri, **Dumortiers Taglilie**

Bulbine alooides

Bestäubung

Viele Asphodelaceae mit roten oder orangefarbigen, nektarreichen, aber duftlosen Röhrenblüten aus ledrigen Kronblättern werden von Vögeln bestäubt. Sie haben stabile Blütenstiele, denn bestäubende Vögel der Alten Welt können im Gegensatz zu den Kolibris der Neuen Welt nicht «in der Luft stehen», sondern brauchen einen Landeplatz.

VERWENDUNG IM GARTEN

Zuverlässig blühfreudige Taglilien, die es in vielen Farben gibt, sind eine Bereicherung für Staudenbeete. Unter den 70 000 bekannten Hybriden (Tendenz steigend) findet sich für jeden Standort die passende. Auch Fackellilien und Affodill sind beliebte Gartenpflanzen, während die Sukkulenten-Gattungen als Zimmerpflanzen geschätzt werden. Für sonnige Beete und Kübel eignen sich winterharte Sukkulenten wie *Aloe aristata, A. striatula* und *A. polyphylla*.

Kniphofia triangularis,
Orangefarbene Fackellilie

Dianella caerulea,
Blaue Flachslilie

Früchte

Meist werden trockene Kapselfrüchte gebildet, lediglich die Gattung *Dianella* trägt attraktive, leuchtend blau-violette Beeren.

Blätter

Die Blätter bilden meist Rosetten, sind wechselständig oder manchmal zweireihig *(Aloe plicatilis)*, besitzen keinen erkennbaren Blattstiel und können bestachelte Ränder haben. Einige Gattungen *(Aloe, Haworthia, Gasteria)* tragen fleischige Blätter, während bei anderen *(Phormium, Dianella)* die Blätter an der Basis zusammengefaltet erscheinen und sich höher an der Pflanze öffnen.

Die meisten Arten sind krautig, es gibt jedoch auch einige Bäume *(Aloe dichotoma, Xanthorrhoea)* und Kletterpflanzen *(A. ciliaris)*.

Asparagaceae

Spargelgewächse

Ursprünglich war dies eine kleine Familie oder eine Untergruppe der Liliaceae (siehe S. 78–79). Durch Veränderungen der Systematik sind die Asparagaceae aber zu einer der größten Familien der Monokotyledonen geworden, die nun auch Gruppen wie Agavaceae, Convallariaceae, Hyacinthaceae und Ruscaceae umfassen

Größe der Familie

Die große Familie mit über 2250 Arten umfasst nunmehr verschiedenartige Pflanzen, darunter Bäume *(Dracaena, Yucca)*, Sukkulenten *(Agave, Sansevieria)*, Kletterpflanzen *(Asparagus, Semele)*, Stauden *(Polygonatum, Hosta)* und Zwiebelgewächse *(Hyacinthus, Camassia)*.

Verbreitung

Die Familie ist – mit Ausnahme der Polargebiete – weltweit vertreten. Sukkulenten kommen hauptsächlich in Wüsten und anderen trockenen Lebensräumen vor.

Herkunft

Wie von anderen Monokotyledonen gibt es kaum Fossilfunde. Versteinerte Blätter aus dem Eozän (vor 56–34 Millionen Jahren), die denen der heutigen Keulenlilie *(Cordyline)* ähneln, wurden in Australien gefunden.

Blüten

Wegen der vielen verschiedenen Blütenformen ist diese Familie schwierig zu bestimmen. Alle haben sechs ähnliche Kelch- und Kronblätter, die frei (Spargel, Grünlilie), teilweise verwachsen (Hyazinthen, Hasenglöckchen) oder ganz verwachsen (Maiglöckchen) sein können. Normalerweise besitzen sie sechs Staubblätter, die frei, mit den Kronblättern verwachsen oder zu einer Röhre verwachsen sein können. Die Blütenstände tragen oft Brakteen *(Camassia, Beschorneria)*.

Convallaria majalis,
Maiglöckchen

Hosta ventricosa,
Glocken-Funkie

Polygonatum odoratum,
Echtes Salomonssiegel

Yucca gloriosa,
Kerzen-Palmlilie

Früchte

Die meisten Gattungen bilden Kapselfrüchte *(Hosta, Yucca)* oder Beeren *(Ruscus, Polygonatum)* mit schwarzen (seltener braunen) Samen.

Blätter

Es liegt nahe, dass die Varianz der Blattformen in einer so artenreichen Familie groß ist. Die Blätter stehen entweder in Rosetten oder wechselständig am Stängel, seltener zweireihig. Meist sind sie ganzrandig und ungestielt (Ausnahme *Hosta*) und können ledrig, fleischig oder papierartig sein. Viele Agaven haben bestachelte Blattränder. Bei *Ruscus* und *Asparagus* sind die Blätter zu Schuppen reduziert, und flache oder nadelförmige Strukturen (Phyllodien) übernehmen die Photosynthese.

VERWENDUNG IM GARTEN

Viele Asparagaceae sind Zierpflanzen, einige werden auch anders genutzt. *Agave*-Arten liefern den Rohstoff für Sisalfasern *(A. sisalana)* und Tequila *(A. tequilana)*, und die Knollen einiger Gattungen *(Camassia, Ornithogalum)* sind bei richtiger Zubereitung essbar. Der bekannteste Vertreter ist aber der Spargel, dessen junge Sprossen im Frühjahr geerntet werden. Sie ähneln den Sprossen anderer Familienmitglieder wie *Agave, Ruscus* und *Camassia* und sind insofern ein hilfreiches Erkennungsmerkmal.

Zu den Asparagaceae gehören einige der robustesten (und oft stiefmütterlich behandelten) Zimmerpflanzen, etwa die Schusterpalme *(Aspidistra)*, der Bogenhanf *(Sansevieria)*, der Drachenbaum *(Dracaena)* und die Grünlilie *(Chlorophytum)*.

Schöne Frühjahrsblüher für den Garten sind Prärielilien *(Camassia)*, Hyazinthen *(Hyacinthus, Muscari)* und Blausterne *(Scilla)*. Als Bodendecker empfehlen sich *Liriope*, Schlangenbart *(Ophiopogon)* und *Rohdea*.

Asparagus officinalis,
Gemüsespargel

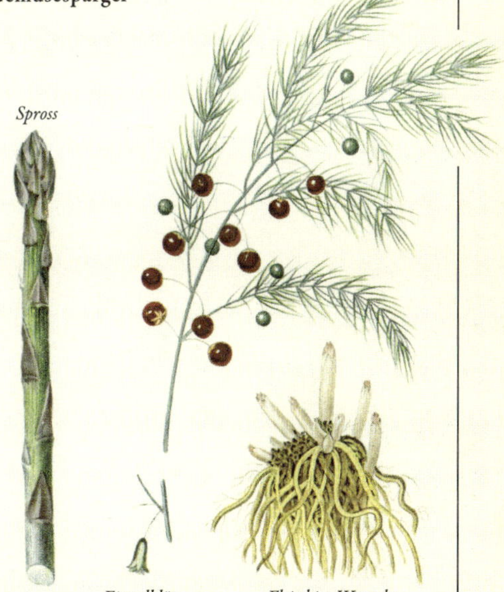

Arecaceae

Palmengewächse

Palmen prägen das Bild tropischer Regionen. Meist handelt es sich um einstämmige Bäume mit einem Blattschopf an der Spitze. Einige Arten verzweigen sich und klettern oder wachsen strauchig.

Größe der Familie

Es gibt etwa 2400 Palmenarten. Bekannte Beispiele sind Kokos-, Dattel- und Ölpalme, außerdem Sago- und Betelpalme sowie die Rattanpalmen, die für die Möbelproduktion verwendet werden.

Verbreitung

Palmen sind generell tropische Pflanzen, ihr Verbreitungsgebiet reicht aber bis zur französischen Mittelmeerküste im Norden und Neuseeland im Süden. Sie sind auf allen Kontinenten außer der Antarktis vertreten.

Cocos nucifera,
Kokospalme

Blüten

Palmblüten sind nicht sonderlich dekorativ. Sie bestehen normalerweise aus drei kleinen Kelchblättern, drei kleinen Kronblättern und sechs Staubblättern oder einem Fruchtknoten. Farben und Duft fehlen meist. Einige machen diesen Mangel durch eine Vielzahl von Blüten wett. Der Blütenstand der Schopfpalme *(Corypha)* ist mit über 23 Millionen Einzelblüten der größte.

Herkunft

Wegen ihrer harten Blätter und Stämme sind fossile Reste gut erhalten geblieben, die ältesten aus der Oberen Kreidezeit (vor 80 Millionen Jahren).

Corypha taliera,
Schopfpalme
Die Palme braucht für die Bildung des weltgrößten Blütenstandes so viel Energie, dass sie nach der Fruchtbildung abstirbt.

Früchte

Palmfrüchte können leuchtend rot, orange, gelb oder schwarz-glänzend sein. Rattanfrüchte sind von beinahe reptilartigen Schuppen bedeckt, andere tragen Stacheln, Haare oder Warzen. Faserige Hüllen sorgen dafür, dass Kokosnüsse schwimmen. Innerhalb der Früchte befinden sich ein oder mehrere Samen, manchmal mit harter Hülle. Die kleinsten Samen messen weniger als einen Zentimeter, die größten stammen von der Seychellenpalme *(Lodoicea)* und sind mit 30 cm Länge und 25 kg Gewicht die größten Samen der Welt.

Blätter

Die üppigen Wedel von Palmengewächsen bringen exotisches Flair in den Garten. Sie bestehen aus drei Teilen: Scheide, Blattstiel und Blattspreite. Die Blattscheide umgibt den Stamm, sodass eine sichtbare Narbe verbleibt, wenn das Blatt abstirbt. Die Stämme einiger Arten sehen zottig aus, weil faserige Reste der Blattscheide zurückbleiben. Die Blattstiele haben stachelige, scharfkantige oder unbewehrte Ränder. Die Blattspreite ist in schmale Fiedern geteilt (pinnat) oder handförmig (palmat). Palmen mit pinnaten Blättern haben kurze Blattstiele und zahlreiche Fiedern. Palmen mit palmaten Blättern haben lange Blattstiele und an der Basis fächerförmig zusammengewachsene Fiedern.

VERWENDUNG IM GARTEN

Außerhalb der Tropen gedeihen nur wenige Palmen im Garten. Die Chinesische Hanfpalme *(Trachycarpus fortunei)* aus dem Himalaya übersteht jedoch die meisten Winter. Bei sehr guter Dränage ist auch die europäische Zwergpalme *(Chamaerops humilis)* winterhart. Die Geleepalme *(Butia capitata)* mit pinnaten Blättern gedeiht vor allem in Küstenlagen in kälterem Klima.

Viele Palmen eignen sich gut als Zimmerpflanzen, beispielsweise Bergpalme *(Chamaedorea elegans)* und Kentia *(Howea forsteriana)*, die verhältnismäßig wenig Licht brauchen, sowie *Kerriodoxa elegans*, die in einem großen Bad oder Wintergarten für Aufsehen sorgen.

Trachycarpus fortunei,
Chinesische Hanfpalme

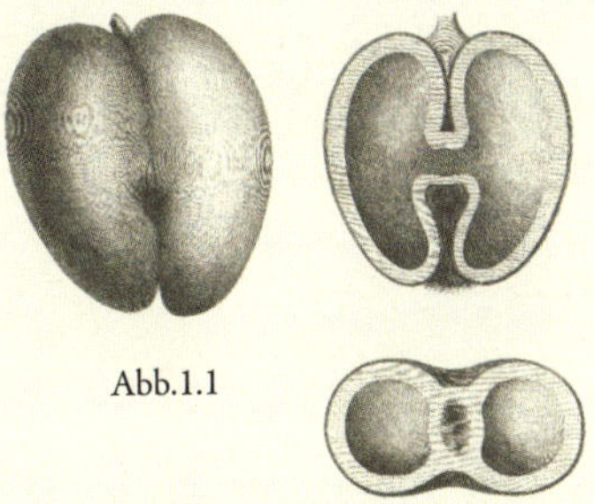

Abb.1.1

Abb.1.2

Abb.1.3

Abb.1.1. *Lodoicea maldivica* bildet die größten Samen der Welt. Hier ganz und im Querschnitt abgebildet.

Abb.1.2. *Calamus ornatus* ist eine kletternde Rattanpalme mit kleinen Blüten und schuppigen Früchten.

Abb.1.3. *Plectocomia elongata*, ebenfalls eine kletternde Rattanpalme, trägt Blüten in vergrößerten Brakteen.

Zingiberaceae

Ingwergewächse

Diese Familie umfasst ausschließlich krautige, mehrjährige Pflanzen mit intensivem Duft, beispielsweise Kardamom, Kurkuma, Galgant, Paradieskörner und den namensgebenden Ingwer.

Größe der Familie

In den Tropen sind die rund 1275 Arten als Gartenpflanzen beliebt, vor allem Vertreter der Gattungen *Etlingera*, *Burbidgea*, *Alpinia* und *Globba*. Für kühlere Regionen eignen sich Gattungen wie *Hedychium*, *Roscoea* und *Cautleya*, allerdings ist meist ein Winterschutz nötig.

Verbreitung

Zingiberaceae sind in den meisten tropischen Regionen zu finden, entweder im Marschland oder am Waldboden. Außerhalb der Tropen werden hauptsächlich Arten aus höheren Lagen kultiviert.

Herkunft

Die ältesten Fossilien der Zingiberaceae stammen aus der späten Kreidezeit (vor ca. 85 Millionen Jahren). Jüngere Fossilien aus Europa und Nordamerika gehen auf eine Zeit zurück, als auf diesen Kontinenten wärmeres Klima herrschte. Heute kommen Zingiberaceae dort nicht mehr wild vor.

Blüten

Die exotisch anmutenden Blüten der Zingiberaceae stehen an den belaubten Triebspitzen oder entspringen direkt aus den Rhizomen. Einzelblüten erheben sich aus Gruppen von Brakteen. Bei manchen Arten sind die Brakteen leuchtend gefärbt und auffälliger als die eigentlichen Blüten. Jede Blüte hat drei röhrenförmig verwachsene Kelchblätter und drei teilweise verwachsene Kronblätter, wobei eins oft größer als die beiden anderen ist. Die Kronblätter sind oft unscheinbar. Auffälliger sind zwei bis vier blütenblattähnliche Staminodien (modifizierte Staubblätter), deren beide innere intensiv gefärbt und manchmal zu einer Lippe verwachsen sind. Jede Blüte enthält nur ein fertiles Staubblatt.

Alpinia nutans,
Ingwerlilie
Die untere Lippe der Blüten vieler Ingwerarten besteht aus stark modifizierten Staubblättern (Staminodien).

Kapsel im Querschnitt

Geöffnete Kapsel mit Samen

Globba radicalis

VERWENDUNG IM GARTEN

Wer sich Tropenflair im Garten wünscht, ist mit Ingwergewächsen gut beraten. Die glänzenden Blätter und exotisch aussehenden Blüten von Gattungen wie *Hedychium, Cautleya* und *Zingiber* bereichern sonnige Standorte mit ihren Farben und dem würzigen Duft, benötigen aber in manchen Regionen einen Winterschutz. Die orchideenähnliche *Roscoea* ist zierlicher und eignet sich für schattige Beete und Gehölzgärten.

Roscoea,
Ingwerorchidee

Früchte

Die Kapselfrüchte können, wenn sie reif sind, trocken oder fleischig sein. Die Samen können einen farbigen, fleischigen Mantel tragen.

Blätter

Die einfachen, ganzrandigen, wechselständigen Blätter sind normalerweise in zwei Reihen angeordnet. Sie haben oft einen erkennbaren Blattstiel mit grasartigen Blatthäutchen, die sich zu Blattscheiden öffnen. Diese überlappen und bilden die aufrechten «Stiele». Die eigentliche Sprossachse ist ein Rhizom, das auf der Erdoberfläche oder knapp unter ihr wächst.

Zingiber officinale,
Ingwer

Bromeliaceae

Bromeliengewächse

Trotz ihrer interessanten Wuchsformen und Farben sieht man diese mehrjährigen, krautigen Pflanzen selten in Gärten auf der nördlichen Halbkugel, denn sie stammen aus den Tropen und vertragen keinen Frost. Als Zimmerpflanzen werden sie jedoch fast so sehr geschätzt wie Orchideen.

Größe der Familie

Von den 2650 Arten wird nur Ananas *(Ananas comosus)* als Nutzpflanze angebaut. Ansonsten gehören der Familie viele beliebte Zierpflanzen an, darunter Lanzenrosette *(Aechmea fasciata)*, Zimmerhafer *(Billbergia nutans)* und zahlreiche *Tillandsia*-Arten.

Verbreitung

In der Natur kommen Bromeliaceae fast nur in Amerika – von Florida bis Argentinien – vor. Eine einzige Art ist in Westafrika heimisch *(Pitcairnia feliciana)*. Die meisten sind Bewohner des tropischen Regenwaldes, eine Handvoll Gattungen bevorzugt jedoch die Wüste, und einige leben hoch in den Anden.

Herkunft

Da es nur wenige Fossilfunde gibt, ist die Familie wahrscheinlich jüngeren Ursprungs.

Blüten

Ein Merkmal der Bromeliaceae ist, dass ihre Blüten oft leuchtend gefärbte Hochblätter (Brakteen) tragen. Diese modifizierten Blätter halten länger als die eigentlichen Blüten und verlängern so den Schmuckwert der Pflanzen. Die Blütenstände erheben sich aus der Mitte der Blattrosette. Manche sind beeindruckend hoch, andere ragen kaum über die Blätter hinaus. Die eigentlichen Blüten sind klein. Jede besteht aus drei Kelchblättern, drei Kronblättern und sechs Staubblättern. Bei vielen Arten stirbt die Rosette nach der Blüte ab.

Tillandsia cyanea,
Blaue Tillandsie
Die blauen Blüten dieser Tillandsie sind oft kurzlebig, aber die rosa Brakteen können mehrere Wochen lang halten.

Ananas comosus,
Ananas
Jede der zahlreichen Blüten im Blütenstand bildet eine fleischige Frucht. Diese wachsen dann zu einer Ananas zusammen.

Früchte

Die Früchte sind oft trockene Kapseln. Sie schütten Samen mit seidigen Härchen aus, die vom Wind verbreitet werden. Bei der Ananas dagegen kann jede Blüte des Blütenstandes zu einer fleischigen Frucht werden. Diese wachsen später zusammen, und jede Schuppe auf der Ananasschale entspricht der Frucht einer Einzelblüte.

Blätter

Die Blätter sind wechselständig, oft riemenförmig und ungestielt. Sie bilden meist eine Rosette, die bei manchen Arten zum Auffangen von Wasser dient. Einige Arten, vor allem aus trockenen Regionen, haben bestachelte Blattränder und eine auffällige Aderung oder leuchtend gefärbte Flecken im Zentrum der Rosette. Wenn eine Rosette geblüht hat, stirbt sie oft ab, und an der Basis der Pflanze werden neue Rosetten gebildet.

Richtig bewässern

Die meisten Bromelien aus tropischen Regenwäldern sind Epiphyten. Sie halten sich an Ästen von Bäumen fest und haben niemals Bodenberührung. Sie sind keine Parasiten, denn sie entziehen dem Baum keine Nährstoffe, sondern nutzen ihren Wuchsplatz nur, um Licht zu erhalten. Die urnenförmigen Blattrosetten schützen viele Arten vor Austrocknung. Bei Haltung im Haus müssen diese regelmäßig mit Wasser gefüllt werden. Tillandsien bilden keine Rosetten, sondern tragen auf den Blättern silbrige Schuppen, die Regenwasser schnell aufsaugen. Im Haus sollten sie besprüht werden. Ananas und andere Wüstenbromelien bilden keine Wasserreservoire. Sie müssen im Wurzelbereich gegossen werden.

Tillandsia aeranthos
Alle Tillandsien sind Epiphyten. Sie halten sich an Ästen, Felsen und sogar Telegrafenmasten und Oberleitungen fest.

Poaceae

Süssgräser

Gräser spielen für die Ökosysteme eine wichtige Rolle, und für die Menschen sind sie wirtschaftlich von enormer Bedeutung. Dieser Familie gehören neben Bambus auch Reis, Mais, Weizen und alle anderen Getreidearten an.

Größe der Familie

Die Familie der Poaceae umfasst mehr als 10 550 Arten mit etwa 115 Bambus-Gattungen und 600 Gattungen echter Gräser. Streng genommen sind alle Angehörigen krautige Ein- oder Zweijährige. Bambus verholzt nicht in derselben Weise wie zweikeimblättrige Bäume und Sträucher, doch die Härte mancher Arten kann sich mit Stahl messen. Diese beiden Hauptgruppen werden weiter unterteilt. Beim Bambus unterscheidet man zwischen nicht-verholzenden Arten sowie verholzenden aus tropischem und gemäßigtem Klima. Gräser können anhand ihrer Wuchsform (horstig, kriechend oder rasenbildend) unterschieden werden.

Oryza sativa,
Reis

Verbreitung

Gräser gibt es in nahezu allen ökologischen Nischen zwischen den Polen, vom Hochgebirge bis zur Küste und auf allen Kontinenten. Sie sind echte Kosmopoliten und machen etwa 20 Prozent der Pflanzendecke der Erde aus.

Die großen Graslandschaften – asiatische Steppe, südamerikanischer Cerrado, nordamerikanische Prärie und afrikanische Savanne – können sich in Fläche und Artenvielfalt durchaus mit den tropischen Regenwäldern messen. Diese Lebensräume nehmen die Klimazone zwischen Wald und Wüste ein. In der Antarktis gibt es nur zwei Arten von Blütenpflanzen, eine davon ist ein Gras.

Herkunft

Untersuchungen von fossilem Dinosaurierdung haben ergeben, dass Gräser vor etwa 100 Millionen Jahren zu deren Nahrung gehörten. Tiere mit spezialisierten Zähnen zum Grasen tauchten aber erst rund 80 Millionen Jahre später auf. Das legt

Zea mays,
Mais
Die hohe, aufrechte Pflanze trägt an jedem Knoten Blätter. An einigen bilden sich weibliche Blütenstände, die fest von mehreren Hüllblättern umschlossen sind. Nach der Befruchtung schwellen diese zu Kolben an.

nahe, dass Gräser erst um diese Zeit in vielen Lebensräumen verbreitet waren.

Die ältesten Gräser und Bambusarten wuchsen am Boden tropischer Regenwälder und wurden, weil dort wenig Wind herrscht, von Insekten bestäubt. Die weitaus meisten heutigen Gräser werden jedoch vom Wind bestäubt.

Die Verwandtschaft zwischen Gräsern und anderen Pflanzenfamilien ist nicht völlig geklärt. Die Seggen und Binsen könnten eng verwandt sein. Die Ähnlichkeit beruht aber wahrscheinlich auf parallelen Entwicklungen und nicht auf gemeinsamen Vorfahren.

VERWENDUNG IM GARTEN

Getreide wie Reis, Weizen, Mais, Hafer und Gerste spielen für die Welternährung und die Weltwirtschaft eine entscheidende Rolle.

Bambus ist ein wertvolles Baumaterial, und die weltweite Zuckerversorgung wird größtenteils durch das Gras *Saccharum officinarum* (Zuckerrohr) gedeckt.

Als Zier- und Sportrasen haben Gräser für Landschafts- und Gartenbau große Bedeutung. Außerdem können Gräser und Bambus hohen Schmuckwert besitzen. Einige Gräser sind jedoch hartnäckige Unkräuter, die sich durch Früchte oder kriechende Rhizome übermäßig vermehren.

Saccharum officinarum,
Zuckerrohr
Die hohle Sprossachse kann unterschiedlich gefärbt sein. Die ganze Pflanze kann bis sechs Meter hoch werden.

Pennisetum glaucum,
Perlhirse

Abb.1.1

Abb.1.2

Abb.1.3

Abb.1.4

Bambusa bambos,
Dorn-Bambus

Blüten

Typisch für Gräser sind trauben-, rispen- oder ährenförmige Blütenstände aus winzigen, stark modifizierten Blüten. Die Einzelblüten sind so stark spezialisiert, dass man meinen möchte, ihre ganze Funktionsweise sei neu erfunden und auf das Wesentliche beschränkt.

Die Kronblätter sind zu kleinen Schwellkörpern (Lodiculae) reduziert oder fehlen manchmal ganz. Meist sind nur drei Staubblätter und zwei Fruchtblätter vorhanden. Sie sitzen zwischen der Vorspelze (Palea) und der Deckspelze (Lemma), den umgebildeten Kelchblättern.

Die Lodiculae schwellen durch Feuchtigkeit an und öffnen die Blüte, sodass Staubblätter und Fruchtknoten bzw. Narben für die Bestäubung frei liegen.

Die Staubblätter sind mittig an den Staubfäden festgewachsen, bewegen sich im Wind und schütten den Pollen aus. Die Narben sind fiedrig. Dadurch wird die Wahrscheinlichkeit vergrößert, dass sich vom Wind getragener Pollen absetzt.

Abb.1.1. Vorspelze und Deckspelze der Perlhirse (vlnr) sind schuppenförmige Umbildungen der Kelchblätter. Sie schützen die zwischen ihnen liegenden Blütenteile.

Abb.1.2. Fein gefiederte Narben ragen weit aus den offenen Blüten der Perlhirse vor, um vom Wind heran getragenen Pollen aufzufangen.

Abb.1.3. Die schlanken Blütenstände der Gattung *Pennisetum* sind dicht mit zahlreichen Blüten und Borsten besetzt.

Abb.1.4. Die Detailzeichnungen von *Bambusa bambos* zeigen die geschlossene Blüte (links) und die einzelnen Blütenteile (unten und rechts), mit Vor- und Deckspelze sowie Staubblättern und Narben.

Bei genauer Betrachtung erkennt man die feinen Unterschiede der Gras-Blütenstände, die für die Gartengestaltung genutzt werden können. Die Bandbreite reicht von den fülligen Blütenständen der Federborstengräser *(Pennisetum)* über die fiedrigen Rispen von Pampasgras *(Cortaderia)* und die lockeren Rispen von Pfeifengras *(Molinia)* bis zu den begrannten Ähren von Gerste *(Hordeum)*.

Hordeum murinum,
Mäuse-Gerste

Blätter

Gräser haben zumeist lange, schmale Blätter. Bei tropischen Arten und Schattengräsern können sie breiter sein. Das Blatt setzt sich aus Spreite und Scheide zusammen. Letztere umhüllt die Sprossachse und verbessert seine Standfestigkeit. Außerdem schützt sie die unspezialisierten Zellen im Bereich des Knotens.

Paspalum fimbriatum,
Pfannengras

Der kleine Auswuchs am Grund vieler Grasblätter ist das Blatthäutchen, ein wichtiges Erkennungsmerkmal der Gräser. An der Sprossachse befinden sich kleine, geschwollene Knoten (Nodien), an denen die Blätter ansetzen. Die Nodien enthalten unspezielisierte Zellen, die es dem Halm ermöglichen, sich wieder aufzurichten, wenn er niedergedrückt oder -getreten wurde, und nach dem Mähen oder Grasen wieder zu wachsen.

Weil sich Gräser aus den Nodien und Blattbasen regenerieren können, verkraften sie extremes Abgrasen oder Niedertreten, das andere Pflanzen nicht überstehen würden. Ihr Erfolg beruht auf dieser anatomischen Besonderheit.

Wurzeln

Das faserige Wurzelsystem bildet bereitwillig Adventivwurzeln aus dem unteren Teil des Sprosses, sodass Horste entstehen. Einige Arten breiten sich mit unterirdischen Rhizomen oder oberirdischen Ausläufern zu einem dichten Rasen oder einem undurchdringlichen Dickicht (manche Bambusarten) aus.

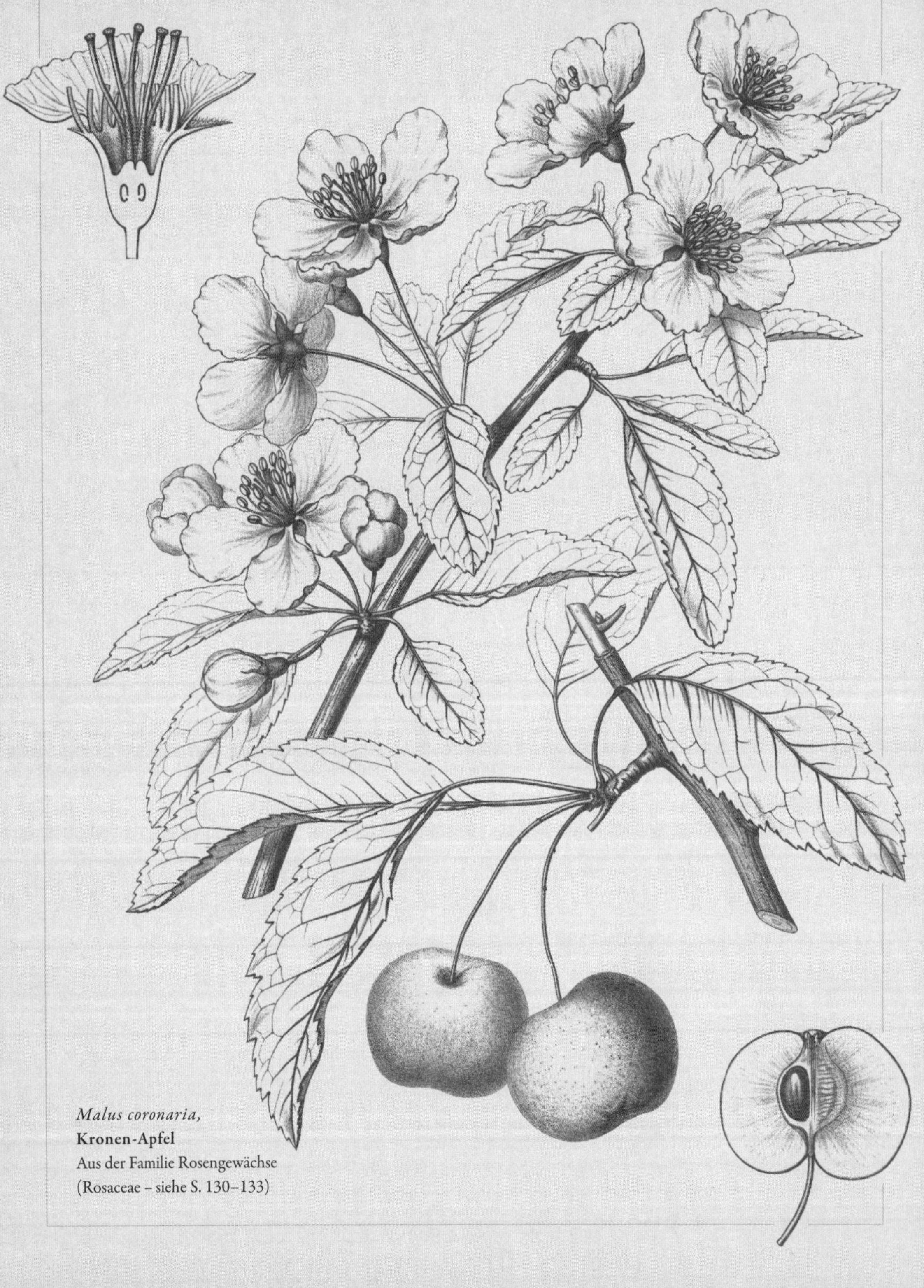

Malus coronaria,
Kronen-Apfel
Aus der Familie Rosengewächse
(Rosaceae – siehe S. 130–133)

KAPITEL 3

Eudikotyledonen

Etwa 85 Prozent aller blühenden Pflanzen sind Eudikotyledonen. Rosen, Sonnenblumen, Waldreben, Ahorn, Rhododendron, Storchschnabel und andere sind als Gartenpflanzen von großem Wert. Im Unterschied zu den Monokotyledonen haben sie verzweigte Blattadern und vier- oder fünfzählige Blüten. Es gibt jedoch einige Ausnahmen.

Diese große Vielzahl lässt sich in drei Hauptgruppen unterteilen. Die kleinste davon sind die frühen Eudikotyledonen, zu denen Mohn und Hahnenfuß sowie verschiedene Bäume, Sträucher, Kletter- und Wasserpflanzen gehören. Die restlichen Eudikotyledonen zerfallen in zwei ungefähr gleichgroße Gruppen: die Superrosiden mit allen Verwandten der Rosen und die Superasteriden mit allen Verwandten der Korbblütler. Diese beiden «Supergruppen» sind nicht immer leicht zu identifizieren. Superrosiden tragen jedoch oft Nebenblätter, während bei den Superasteriden häufig Röhrenblüten vorkommen.

Zu den bekannten Superrosiden gehören essbare Pflanzen wie Äpfel, Orangen, Erdbeeren, Kohl und Bohnen, aber auch attraktive Bäume wie Eiche, Ahorn und Birke sowie beliebte Blumen wie Pfingstrosen, Veilchen, Fuchsien und Lupinen.

Unter den Superasteriden finden sich blühende Sträucher wie Hortensien, Kamelien, Heben und Heidekraut, blühende Kletterpflanzen wie Prunkwinde, Geißblatt und Jasmin sowie essbare Arten wie Petersilie, Rosmarin, Kartoffeln und Tomaten.

Berberidaceae

BERBERITZENGEWÄCHSE

Dies ist eine relativ kleine Familie mit großer Artenvielfalt und Bedeutung für den Garten. Berberitze *(Berberis)*, Mahonie *(Mahonia)* und Himmelsbambus *(Nandina)* sind Sträucher, die meisten anderen Arten wie Elfenblume *(Epimedium)* und Fußblatt *(Podophyllum)* hingegen krautig.

Größe der Familie

Unter den rund 715 Arten der Berberidaceae finden sich viele Zierpflanzen, aber keine Nutzpflanzen. Einige *Berberis*-Arten können den wirtswechselnden Getreiderost, eine Pilzkrankheit, übertragen, darum können Kultur und Verkauf in gefährdeten Regionen Einschränkungen unterliegen.

Podophyllum peltatum,
Schildförmiges Fußblatt

Verbreitung

Die meisten Arten sind in Ostasien und Nordamerika heimisch, einige jedoch auch in Europa, Nordafrika und entlang der Anden in Südamerika.

Berberis aggregata,
Knäuelfrüchtige Berberitze

Herkunft

Nachdem fossile Pollen aus der Kreidezeit (vor rund 90 Millionen Jahren) vorläufig als Rest von Berberidaceae identifiziert wurden, gilt diese Familie als eine der ältesten unter den Eudikotyledonen.

Blüten

Die Blüten der Berberidaceae zeigen einige ursprüngliche Merkmale. Kelchblätter und Kronblätter können fehlen *(Achlys)* oder zahlreich sein. Oft sind sie undifferenziert, meist stehen sie aber in Zweier- oder Dreierwirteln. Bei vielen Elfenblumen sind die inneren Kronblätter zu einem hornförmigen Gebilde umgeformt. Jede Blüte enthält sechs Staubblätter oder in seltenen Fällen vier *(Epimedium)* oder mehr *(Podophyllum)*.

VERWENDUNG IM GARTEN

Dornige Berberitzen gelten in manchen Gegenden als Unkraut, sie haben aber auch ihre Vorzüge. Die Blüten und Blätter sind leuchtend gefärbt, einige sommergrüne Arten haben eine schöne Herbstfärbung, und viele Zuchtformen der Thunberg-Berberitze tragen auch im Sommer farbiges Laub. Berberitzen eignen sich für undurchdringliche Hecken und zählen zu den wenigen holzigen Pflanzen, denen kein Wildverbiss droht. Mahonien sind immergrün und tragen schon im Spätwinter attraktive Blüten. Die krautigen, immergrünen Elfenblumen gedeihen sogar im trockenen Schatten. *Vancouveria* mit fein geteilten Blättern und *Dysosma* mit gefleckten Blättern sind ideal für den Gehölzgarten.

Nandina domestica, **Himmelsbambus**

Früchte

Die Früchte der Berberidaceae sind entweder fleischige Beeren *(Berberis, Mahonia, Podophyllum, Nandina)* oder trockene Kapselfrüchte *(Epimedium, Vancouveria).*

Blätter

In einer so großen Familie lassen sich keine allgemeingültigen Aussagen über das Laub treffen. Besser ist es, einzelne Gattungen zu betrachten. Berberitzen sind entweder immergrün oder werfen das Laub ab. Sie haben einfache Blätter und stachelige Zweige. Die immergrüne *Mahonia* trägt gefiederte, oft stachelige Blätter. Obwohl beide recht unterschiedlich erscheinen, fassen manche Botaniker sie in der Gattung *Berberis* zusammen. Beide haben unter der Rinde meist leuchtend gelbes Holz. Himmelsbambus trägt fein geteilte, unbewehrte Blätter, die sich im Herbst leuchtend rot färben können. Bei den krautigen Gattungen *Podophyllum* und *Diphylleia* erinnern die Blätter an Ahorn, bei anderen sind sie in zwei *(Jeffersonia),* drei *(Achlys, Ranzania,* einige *Epimedium*-Arten) oder mehr Fiedern geteilt. Die meisten Arten haben wechselständige Blätter mit gesägten oder gelappten Rändern. Nur die Blätter des schildförmigen Fußblatts sind gegenständig.

Mahonia nepalensis, **Nepal-Mahonie**

Papaveraceae

Mohngewächse

Mohnblüten sehen aus wie von Kinderhand gezeichnet und sind in der westlichen Welt so bekannt, dass kaum Verwechslungsgefahr besteht. Es gibt aber Familienangehörige in verschiedenen Farben und Gestalten, darunter *Fumaria*, *Lamprocapnos* und *Macleaya*, deren Blüten sich von den üblichen Mohnblüten deutlich unterscheiden.

Größe der Familie

Diese Familie umfasst 43 Gattungen mit rund 820 Arten vorwiegend krautiger (nicht holziger), ein-, zwei- und mehrjähriger Pflanzen. Es gibt einige wenige verholzende, strauchige Vertreter wie *Dendromecon* und Baummohn *(Romneya)* sowie etwa 80 echte Mohnarten in der Gattung *Papaver*.

Viele Wissenschaftler schließen Gattungen wie *Fumaria*, *Corydalis* und *Lamprocapnos* in die Papaveraceae ein, manche ordnen sie der separaten Familie Fumariaceae zu. Sie haben unregelmäßig geformte Blüten und fein gefiedertes Laub.

Papaver dubium,
Saat-Mohn

Verbreitung

Bewohner der Tropen kennen Mohn vielleicht nicht, denn die Pflanzen kommen fast ausschließlich in den gemäßigten Zonen der nördlichen Halbkugel vor. Eine Ausnahme bildet *Papaver aculeatum* aus Südafrika. Einige arktische Mohnarten gehören zu den nördlichsten Landpflanzen.

Herkunft

Fossilien der ältesten bekannten Art *Palaeoaster inquirenda* (heute ausgestorben) sind 75 Millionen Jahre alt (Kreidezeit). Verschiedene Exemplare wurden in Ausgrabungsstätten in South Dakota (USA) gefunden, eines davon in der Nähe eines *Tyrannosaurus*-Fundortes.

Blüten

Die großen, auffällig gefärbten Blüten sind auf Wiesen, an Straßenrändern oder in Gärten kaum zu übersehen. Sie enthalten männliche und weibliche Organe und sind meist regelmäßig und symmetrisch aufgebaut. Ausnahmen bilden die Gattungen *Lamprocapnos*, *Fumaria* und *Corydalis*.

VERWENDUNG IM GARTEN

Neben echtem Mohn gibt es eine Reihe anderer Gattungen mit ähnlichen Blüten, die von gärtnerischer Bedeutung sind, beispielsweise Scheinmohn *(Meconopsis)*, Hornmohn *(Glaucium)*, Stachelmohn *(Argemone)* und Goldmohn *(Eschscholzia)*.

Wegen ihres fein geschnittenen Laubs sind auch *Corydalis* und *Fumaria* beliebte Beetstauden. Der Federmohn *(Macleaya)* bildet mit seinen fülligen, lockeren Blütenständen aus vielen winzigen Einzelblüten einen schönen Blickfang. Das Tränende Herz *(Lamprocapnos spectabilis)* ist eine beliebte Staude, die bis vor kurzem noch den Namen *Dicentra spectabilis* trug.

Blauer Scheinmohn aus der Gattung *Meconopsis*

Ein ungewöhnliches Merkmal sind die beiden grünen Kelchblätter. Sie umhüllen die Knospe, fallen aber ab, bevor sich die Blüte öffnet. Meist stehen vier Kronblätter, die sich zerknittert aus der Knospe entfalten, in zwei Wirteln. Bei *Macleaya* fehlen die Kronblätter

Typisch für einige Gattungen sind die «Pfefferstreuer»-Samenkapseln, die sich bald nach der Blüte entwickeln. Wenn sie trocknen, öffnen sich zahlreiche Poren am oberen Rand, und die Samen werden durch Windbewegung oder vorbeistreifende Tiere ausgeschüttet.

Abb.1.1

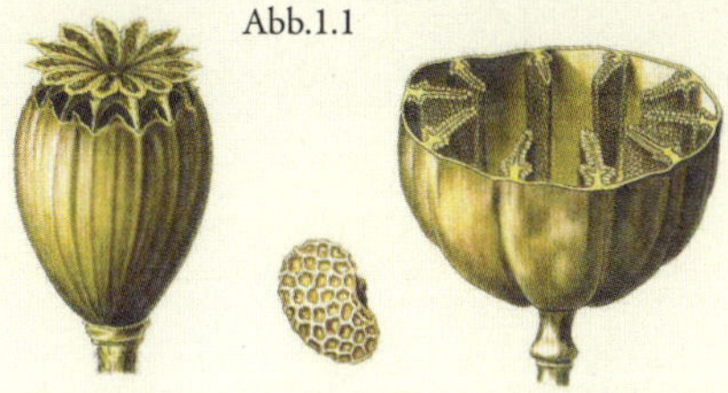

Abb.1.1. Wie andere Arten der Gattung *Papaver* bildet auch der Schlaf-Mohn *(Papaver somniferum)* «Pfefferstreuer»-Samenkapseln, die den Samen ausschütten, wenn sie trocken sind.

Abb.1.2. Island-Mohn *(Papaver nudicaule)* ist wegen seiner leuchtenden Blüten in verschiedenen Farben eine beliebte, aber kurzlebige Gartenpflanze.

Abb.1.3. Beim Tränenden Herzen *(Lamprocapnos spectabilis)* ragen die inneren weißen Kronblätter zwischen den äußeren rosa gefärbten Kelchblättern hervor. Die Blüten bilden bogig überhängende Ähren.

Abb.1.2

Abb.1.3

Ranunculaceae

Hahnenfussgewächse

Mit Ausnahme der verholzenden Kletterpflanzen-Gattungen *Clematis* und *Clematopsis* umfasst diese Familie krautige Pflanzen. Die meisten sind ausdauernd, einige wenige einjährig, beispielsweise einige Rittersporne *(Delphinium)* und Jungfer-im-Grünen *(Nigella)*. Hahnenfuß-Bäume gibt es nicht.

Größe der Familie

Zur Familie Hahnenfußgewächse mit ihren mehr als 1800 Arten gehören viele bekannte Wildblumen und Gartenpflanzen, darunter Anemonen, Clematis, Lenzrosen und selbstverständlich der Hahnenfuß. Einige Mitglieder sind hochgiftig, allen voran der Eisenhut *(Aconitum)*.

Ranunculus acris,
Scharfer Hahnenfuß

Verbreitung

Dies ist eine äußerst erfolgreiche Pflanzenfamilie, deren Mitglieder sich auf fast allen Erdteilen ausgebreitet haben. Dass die Ranunculaceae hiesigen Gärtnern so vertraut sind, mag daran liegen, dass die Mehrzahl der Arten in den gemäßigten und kalten Zonen der nördlichen Halbkugel heimisch ist.

Herkunft

Die Ranunculaceae gelten allgemein als ursprüngliche Familie der Blütenpflanzen, die als eine der ersten in der frühen Kreidezeit entstand, also lange vor höher entwickelten Pflanzen wie den Gräsern (Poaceae).

Blüten

Am Hahnenfuß selbst sind mehrere typische Merkmale der Ranunculaceae zu erkennen. Die radiärsymmetrischen Blüten sind recht einfach gebaut, er ist jedoch eine der wenigen Arten, bei denen Kronblätter und Kelchblätter (die gemeinsam den Blütenkelch oder Calyx bilden) kaum voneinander zu unterscheiden sind. Botaniker sprechen in diesem Fall von Tepalen.

Ein weiteres Beispiel ist die *Clematis*. Die Knospe ist von Kelchblättern umschlossen, die das

Clematis jackmanii

Blüteninnere schützen. Wenn die Knospe schwillt, entfalten sich die Kelchblätter und färben sich ähnlich wie die Kronblätter in Inneren.

Dass die Hahnenfußblüten so gut zu erkennen sind, täuscht über die wahre Vielfalt der Familie hinweg. Nicht alle Blüten sind rund, radiärsymmetrisch und regelmäßig, und es gibt noch weitere abweichende Formen. Bei den «Kapuzenblüten» von Rittersporn *(Delphinium)* und Eisenhut *(Aconitum)* beispielsweise sind die oberen Blütenblätter vergrößert und gewölbt – vermutlich um bestäubende Insekten anzulocken. Die Blüten von Akelei *(Aquilegia)* und einigen anderen Arten tragen einen Sporn.

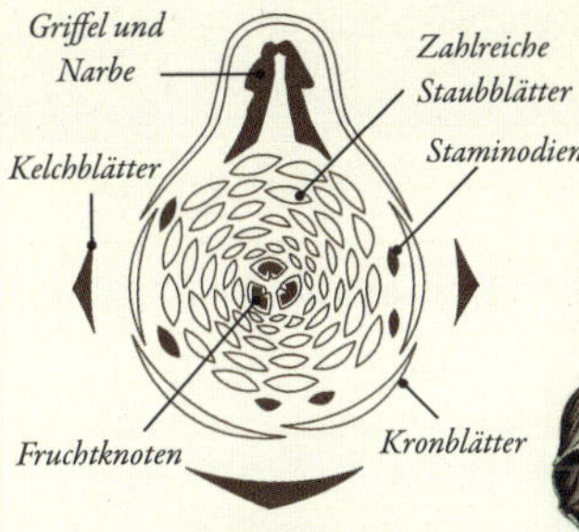

Abb.1.1

Abb.1.2

Aconitum napellus,
Blauer Eisenhut

Abb.1.3

Aquilegia alpina,
Alpen-Akelei

Abb.1.1. Die Aufsicht zeigt den typischen radiärsymmetrischen Aufbau der Hahnenfußblüte. Nur die oberen Kronblätter und Antheren sind verlängert.

Abb.1.2. Im Querschnitt ist die Ähnlichkeit zu anderen Hahnenfußgewächsen besser zu erkennen.

Abb.1.3. Die gespornten Blüten der Akelei sehen außergewöhnlich aus, ihr Aufbau ist aber auch nur eine Variation des Hahnenfuß-Themas.

Bestäubung

Die Blüten der Hahnenfußgewächse lassen auf ihre primitiven Vorfahren schließen. Sie besitzen eine Vielzahl von spiralförmig angeordneten Blütenteilen und viele oberständige Fruchtknoten. Das erleichtert Käfern, die vermutlich die ersten Bestäuber von Blüten waren, ihre Aufgabe. Komplexere Blütenformen und Duft kommen selten vor, abgesehen von den bereits genannten Gattungen Rittersporn, Eisenhut und Akelei.

Abb.1.1

Abb.1.2

Abb.1.3

Abb.1.1. Kelchblätter und Kronblätter des Scharbockskrauts *(Ficaria verna)* bilden gemeinsam die Blütenhülle und sind kaum zu unterscheiden.

Abb.1.2. Der Brakteenkranz der Küchenschelle *(Pulsatilla vulgaris)* wird oft für Kelchblätter gehalten, aber die echten Kelchblätter sitzen weiter oben.

Abb.1.3. Farbe und Musterung der Blütenhülle spielen für die Bestäubung von *Helleborus niger* (Christrose) eine wichtige Rolle.

Bestäubende Insekten werden ins Blütenzentrum gelockt, wo sie Nektar und Pollen finden. Die Gattungen *Anemone, Pulsatilla* und *Clematis* produzieren keinen Nektar und werden nur wegen ihres Pollens besucht. Normalerweise locken hauptsächlich die farbigen Kelch- oder Kronblätter die Insekten an, aber bei einigen Arten der Gattung *Thalictrum* übernehmen die attraktiven Staubfäden diese Aufgabe zusammen mit den kleineren Tepalen.

Blätter

Die meisten Ranunculaceae haben entweder grundständige Blätter oder tragen die Blätter an der wachsenden Sprossachse. Im letzteren Fall sind die Blätter normalerweise wechselständig angeordnet, nur *Clematis* trägt die Blätter in gegenständigen Paaren – was jedem bekannt ist, der diese Kletterpflanzen schon einmal beschnitten hat. Die Blätter der Ranunculaceae sind in der Regel mehrfach geteilt (palmat gelappt), es gibt jedoch zahlreiche Ausnahmen wie die herzförmigen Blätter des Scharbockskrauts *(Ficaria verna)* oder die großen gefiederten Tauchblätter des Wasser-Hahnenfußes *(Ranunculus aquatilis),* die eine Anpassung an den Lebensraum dieser Pflanze darstellen. Manche Gattungen tragen unter der Blüte einen Kranz von Hochblättern (Brakteen), der besonders gut bei Anemonen, Küchenschelle *(Pulsatilla)* und Jungfer-im-Grünen *(Nigella)* zu erkennen ist. Die Brakteen werden manchmal für einen Teil der Blüte gehalten, tatsächlich handelt es sich aber um modifizierte Blätter.

Abb.1.1

Abb.1.2

Abb.1.1. Die herzförmigen Blätter des Scharbockskrauts *(Ficaria verna)* erscheinen schon im Spätwinter, die gelben Blüten im Frühling.

Abb.1.2. Die fiedrigen Blätter des Wasser-Hahnenfuß *(Ranunculus aquatilis)* unterscheiden sich so stark von anderen *Ranunculus*-Arten, dass manche Botaniker ihn deshalb in die separate Gattung *Batrachium* einordnen.

Abb.1.3. *Nigella* trägt ungewöhnliche Blüten und ist einjährig. Somit weicht sie in zweierlei Hinsicht von anderen Hahnenfußgewächsen ab.

Abb.1.3

VERWENDUNG IM GARTEN

Unter den Ranunculaceae findet sich für jeden Standort eine geeignete Pflanze. Rittersporn braucht volle Sonne, Wasser-Hahnenfuß wächst in Bachläufen, die Sumpf-Dotterblume *(Caltha palustris)* am Teich. Christrosen blühen im Winter, Winterlinge im zeitigen Frühjahr, Anemonen im Schatten. Kletternde Clematis lenkt mit ihren Blüten den Blick in die Höhe. Herbst-Anemonen schmücken sich im Spätsommer mit zarten Blüten.

Einige Gattungen sind hochgiftig und haben bereits Todesfälle verursacht. In alten englischen Gartenbüchern wird in schauerlichen Details über Symptome und Tod von Gärtnern berichtet, die Eisenhut-Knollen mit denen des Topinamburs verwechselt und verzehrt hatten. Der aktive Giftstoff Aconitin wird pharmazeutisch für Narkotika und Schmerzmittel verwendet.

Anemone hupehensis,
Herbst-Anemone

Crassulaceae

Dickblattgewächse

Die Mehrzahl der Dickblattgewächse sind immergrüne krautige Pflanzen oder Sträucher. Manche Arten aus kühlerem Klima sind sommergrün, außerdem gibt es einige wenige Einjährige und Wasserpflanzen.

Größe der Familie

Etwa die Hälfte der 1380 Arten dieser Familie gehört den beiden großen Gattungen *Sedum* und *Crassula* an. Wegen ihres Zierwerts werden vor allem die zahlreichen Fetthenne-Arten *(Sedum)*, flammendes Käthchen *(Kalanchoe)*, Geldbäume *(Crassula)* und Dachwurz *(Sempervivum)* geschätzt.

Sedum aizoon,
Deckblatt-Fetthenne

Verbreitung

Die robusten Pflanzen dieser Familie sind fast weltweit verbreitet, ausgenommen die Polarregionen. Sie sind vorwiegend in trockenen Regionen anzutreffen, jedoch kaum in tropischen Regenwäldern. Besonders groß ist der Artenreichtum in Südafrika und Mexiko. In Australien und Südamerika sind sie selten vertreten.

Herkunft

Sukkulente Pflanzen fossilisieren selten. Darum weiß man nur aus einigen jüngeren Pollenfossilien etwas über die Geschichte dieser Familie.

Blüten

Crassula-Blüten besitzen vier oder fünf Kelchblätter, die frei oder zu einem gewissen Grad verwachsen sein können. Dasselbe gilt für die vier oder fünf Kelchblätter. Manchmal sind mehr Staubblätter als Kronblätter vorhanden, manchmal gleich viele. Die einzelnen Blüten sind normalerweise radiärsymmetrisch.

Früchte

Da Crassulaceae zumeist Wüstenpflanzen sind, tragen sie trockene Früchte – entweder ledrige Balgfrüchte oder Kapseln.

Echeveria secunda

VERWENDUNG IM GARTEN

Die krautigen, mehrjährigen Fetthennen werden jetzt den Gattungen *Hylotelephium* und *Rhodiola* zugeordnet. Ungeachtet ihres Namens sind es attraktive Beetpflanzen, die von Bienen und Schmetterlingen angesteuert werden. Andere Dickblattgewächse kommen mit sehr wenig Erde aus und eignen sich für Steingärten, Trockenmauern und begrünte Dächer. Die frostempfindlichen Arten der Gattungen *Echeveria*, *Aeonium* und *Dudleya* empfehlen sich für Terrassenkübel. Vom Nadelkraut *(Crassula helmsii)* ist unbedingt abzuraten. Diese wuchernde Art kann Süßwasser-Lebewesen verdrängen und wurde 2013 auf die Schwarze Liste invasiver Arten gesetzt.

Blätter

Die Blätter der Crassulaceae sind immer sukkulent und meist einfach, selten geteilt *(Kalanchoe pinnata)*. Sie sind wechselständig, gegenständig oder wirtelig angeordnet. Einige Gattungen *(Echeveria, Sempervivum, Aeonium)* bilden kompakte Rosetten.

Vermehrung

Viele Sukkulenten sind einfach zu vermehren. Bei Lebensgefahr können sich die Pflanzen vegetativ fortpflanzen – also ohne Blüten und Bestäuber. Diese Fähigkeit können sich Gärtner zunutze machen. Mattenbildende Dickblattgewächse lassen sich leicht teilen, denn die Sprosse bilden Wurzeln, sobald sie den Boden berühren. Von rosettenbildenden Arten nimmt man vorsichtig Tochterrosetten ab und legt sie auf Substrat, wo sie rasch bewurzeln. Aufrechte Arten können durch Triebstecklinge vermehrt werden. Rhizombildende Arten, zu denen viele winterharte Stauden gehören, lassen sich mit dem Spaten oder Messer teilen. Einige *Kalanchoe*-Arten bilden sogar auf ihren Blättern voll entwickelte Jungpflanzen, die man nur abzunehmen braucht.

Kalanchoe glaucescens

Hamamelidaceae

ZAUBERNUSSGEWÄCHSE

Aus dieser Familie ist die Zaubernuss wegen ihrer schönen Winterblüten gut bekannt. Zu den Hamamelidaceae gehören noch weitere früh blühende Sträucher wie der Scheinhasel *(Corylopsis)*. Auch der Eisenholzbaum *(Parrotia persica)* ist von gärtnerischer Bedeutung. Die meisten Kulturformen dieser Familie bevorzugen nährstoffreichen, sauren Boden.

Größe der Familie

Diese mittelgroße Familie mit etwa 29 Gattungen und 95 Arten umfasst Bäume und Sträucher, zu denen neben der Zaubernusss *(Hamamelis)* auch Arten wie Scheinhasel *(Corylopsis)* und Federbuschstrauch *(Fothergilla)* gehören.

Fothergilla gardenii, **Zwerg-Federbuschstrauch**

Verbreitung

Auf beiden Halbkugeln sind in gemäßigten und subtropischen Regionen verschiedene Unterfamilien anzutreffen. In fünf Bereichen ist die Dichte am höchsten: Nord- und Mittelamerika, Süd- und Südwestafrika (mit Madagaskar), Südwestasien, Ost- und Südostasien sowie Nordaustralien.

Herkunft

Die Hamamelidaceae gehen auf die Kreidezeit (der Spätzeit der Dinosaurier) zurück und haben sich im Verlauf von 65 Millionen Jahren sehr erfolgreich ausgebreitet, bis im känozoischen Eiszeitalter (vor 2,5 Millionen Jahren) viele Arten ausstarben und nur vereinzelte in klimatischen Nischen überlebten. Aus diesem Grund sind in Europa keine Mitglieder dieser Familie heimisch.

Distylium racemosum, **Traubiger Zweigriffel**

Blüten

Wegen der großen Varianz lassen sich kaum allgemeine Aussagen über die Blüten dieser Familie treffen. Die Blüten der Zaubernuss sind mit ihren vier schmalen Kronblättern ungewöhnlich. Manche Gärtner mag es erstaunen, dass die Federbuschsträucher gar keine Kronblätter besitzen, sondern lediglich zahlreiche bürstenartige Staubblätter. Typisch für die Familie sind dichte ährige, rispige oder traubige Blütenstände. Da viele Arten früh im Jahr blühen, werden vor allem *Hamamelis* und *Corylopsis* als Schmuck für den spätwinterlichen Garten geschätzt.

Hamamelis virginiana,
Virginische Zaubernuss

Blätter

Die meisten Mitglieder der Familie tragen wenig bemerkenswerte einfache, elliptische, wechselständige Blätter. Die Blätter der Zaubernuss sehen denen des echten Hasels *(Corylus)* sehr ähnlich, obwohl die beiden Arten nicht verwandt sind.

VERWENDUNG IM GARTEN

Als Gartengehölze haben die Hamamelidaceae viel zu bieten, vor allem diejenigen, die neutralen bis sauren Boden bevorzugen. Zaubernusss und Scheinhasel sind reizvolle Winterblüher, Federbuschsträucher *(Fothergilla)* blühen im Frühjahr und zeigen im Herbst eine schöne Laubfärbung.

Der Eisenholzbaum *(Parrotia persica)* ist mit der prächtigen Herbstfärbung, der interessant abschilfernden Rinde und den Blüten, die im Spätwinter erscheinen, rund ums Jahr im Garten ein attraktiver Anblick.

Parrotia persica,
Eisenholzbaum

Paeoniaceae

Pfingstrosengewächse

Dieser Familie gehören viele bekannte Sträucher und Stauden an. In China werden sie seit langer Zeit intensiv kultiviert, es gibt aber auch zahlreiche Arten, die in Europa und Nordamerika heimisch sind.

Größe der Familie

Dies ist eine monotypische Familie, denn ihr gehört nur die Gattung Pfingstrosen *(Paeonia)* mit derzeit 25 beschriebenen Arten an. Dazu gehören die krautigen Päonien, die etwa Knie- bis Oberschenkelhöhe erreichen und deren oberirdische Teile über Winter absterben, aber auch die laubabwerfenden «Baumpäonien», die eher kleinen Sträuchern ähneln, wenngleich einige Arten bis 20 Meter hoch werden können.

1948 gelang dem japanischen Gärtner Toichi Itoh eine Kreuzung von krautigen und strauchigen Päonien. So entstand eine neue Kategorie, die man Itoh-Hybriden oder intersektionelle Hybriden nennt. Sie vereinen Merkmale beider Gruppen auf sich.

Paeonia delavayi, **Delavays Strauch-Pfingstrose**

Verbreitung

Natürlich kommen Pfingstrosen nur in den gemäßigten Zonen der nördlichen Halbkugel vor, hauptsächlich in Süd- und Mitteleuropa, Asien und dem Westen Nordamerikas. Strauchige Pfingstrosen sind in Mittel- und Südchina und Tibet heimisch, werden heute aber weltweit kultiviert.

VERWENDUNG IM GARTEN

Viele Gärtner legen Wert darauf, mindestens eine Pfingstrose im Garten zu haben. Sie werden als Beetpflanzen und Schnittblumen kultiviert und sind ungemein attraktiv, wenngleich ihre Blütezeit recht kurz ist. Züchter haben Blüten in zahlreichen Formen und Farben hervorgebracht, von Weiß über Rosa, verschiedenen Rottönen und Violett bis zu einigen zweifarbigen Formen. ***Paeonia ludlowii*** **und ihre Zuchtformen tragen gelbe Blüten.**

Herkunft

Die Wurzeln der Paeoniaceae finden sich in der Ordnung Saxifagales. Fossilfunden zufolge gab es diese Ordnung bereits in der späten Kreidezeit (vor 80 Millionen Jahren). Andere Funde weisen darauf hin, dass sich die Päonien vor etwa 60 Millionen Jahren entwickelten.

Die Gattung *Paeonia*, die früher den Hahnenfußgewächsen (Ranunculaceae) zugeordnet wurde, weist in der Blütenanatomie Merkmale auf, die diese Gattung von anderen Familien unterscheidet: persistente Kelchblätter, Kronblätter, die sich aus Kelchblättern statt aus Staubblättern entwickelt haben, und eine als Nektarium dienende Scheibe. Tatsächlich sind die Pfingstrosengewächse enger mit den Zaubernussgewächsen (Hamamelidaceae) verwandt.

Blüten

Päonien sind vor allem wegen ihrer prächtigen Blüten beliebt, die im Spätfrühling bis Frühsommer erscheinen. Jede trägt an ihrer Basis fünf grüne Kelchblätter und gelegentlich blattartige Brakteen. Die großen, kelchförmigen Blüten mit fünf bis zehn Kronblättern enthalten männliche und weibliche Organe. Zahlreiche Staubgefäße sind kreisförmig angeordnet. Zwei bis fünf freie Fruchtblätter stehen auf einem fleischigen Nektarium. Nach der Bestäubung entwickeln sich aus diesen ledrige Balgfrüchte mit Samen.

Blätter

Die Blätter krautiger Päonienarten schieben sich im zeitigen Frühjahr aus der Erde. Sie sind meist tief gelappt und in mehrere Fiedern unterteilt. Die Blätter von Baumpäonien sind häufig größer und entwickeln sich aus Knospen an den verholzten Zweigen.

Paeonia officinalis,
Echte Pfingstrose

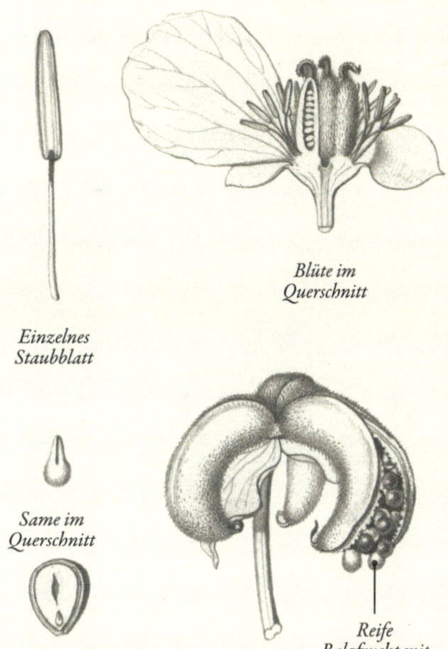

Saxifragaceae

STEINBRECHGEWÄCHSE

Früher wurden dieser Familie zahlreiche verholzende Pflanzen wie Hortensien und Johannisbeeren zugeordnet, heute umfasst sie nur krautige Pflanzen. Viele davon sind attraktive mehrjährige Stauden, beispielsweise *Astilbe*, *Bergenia*, *Heuchera* und *Rodgersia*. Der Gattung *Saxifraga* gehören zahlreiche Steingartengewächse an.

Größe der Familie

Etwa die Hälfte der insgesamt rund 625 Arten in dieser Familie gehört der Gattung *Saxifraga* an. Auf die anderen Gattungen entfallen jeweils nur eine oder wenige Arten.

Saxifraga flagellaris

Verbreitung

Die meisten Saxifragaceae sind auf der nördlichen Halbkugel heimisch, viele in Höhenlagen oder in arktischen Regionen. Besonders groß ist die Artenvielfalt in Ostasien und im pazifischen Nordwesten der USA. Einige Arten kommen weiter südlich in tropischen Gebirgen vor.

Herkunft

Fossilfunde aus dem Eozän (vor 56–49 Millionen Jahren) in Südostengland stellen den ältesten Beleg für die Saxifragaceae dar. Insgesamt gibt es, wie von allen krautigen Pflanzen, nur wenige Funde.

Blüten

Die Blüten erscheinen in unterschiedlichen Blütenständen, manchmal mit blattartigen Brakteen. Jede Blüte besitzt vier oder fünf Kelchblätter (selten drei bis zehn), die frei oder verwachsen sind, und ebenfalls vier oder fünf (selten drei bis zehn) freie oder verwachsene Kronblätter. Kronblätter können auch fehlen (*Rodgersia*, einige *Astilbe*-Arten) oder fein gelappt sein *(Mitella, Tellima)*. Viele Saxifragaceae *(Bergenia, Darmera, Saxifraga)* tragen neben attraktivem Laub auch schöne Blüten. *Astilbe* wird hauptsächlich wegen der Blüten kultiviert, *Heuchera* eher wegen der Blätter.

Tellima grandiflora, **Falsche Alraunenwurzel**

Gefranstes Kronblatt

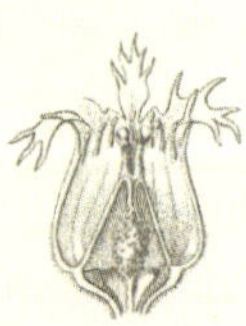

Blüte im Querschnitt mit gefranstem Kronblatt

Blätter

Die Bandbreite der Blattformen reicht bei den Steinbrechgewächsen von den winzigen, fast nadelfeinen mancher alpinen *Saxifraga*-Arten bis zu den großen, schirmförmigen Blättern der *Darmera*. Sie sind meist wechselständig, jedoch bei *Chrysosplenium* und einigen *Saxifraga*-Arten gegenständig, und bilden oft eine Rosette. Einfache Blätter sind verbreitet. Die Blätter von *Heuchera* ähneln Ahornlaub und die von *Astilbe* und *Rodgersia* sind geteilt. Die zahlreichen alpinen Steinbrecharten haben eine geringere Anzahl von fein geteilten, zungen- oder löffelförmigen Blättern, die Horste oder Rosetten bilden. *Tellima* und *Tiarella* sowie andere alpine Arten und Stauden haben behaarte Blätter. *Tolmiea menziesii* und *Saxifraga stolonifera* bilden Jungpflanzen und sind darum leicht zu vermehren.

Saxifraga hieraciifolia, **Habichtskraut-Steinbrech**

VERWENDUNG IM GARTEN

Die kleinen Gattungen *Heuchera, Tiarella* und deren Hybride, × *Heucherella* haben (mit etwas menschlichem Zutun) eine erstaunliche Vielzahl von Zuchtformen mit intensiv gefärbtem Laub hervorgebracht. Die Palette ist so groß, dass sich für Kübel, Beete und Ampeln viele passende Arten finden lassen. Allerdings sind *Heuchera* im Kübel besonders durch die Käferart Gefurchte Dickmaulrüssler gefährdet. Am besten sammelt man die Schädlinge abends mithilfe einer Taschenlampe ab. Feucht-schattige Standorte sind schwierig, *Rodgersia*, *Darmera* und *Astilbe* gedeihen dort aber. Für trockenen Schatten im Gehölzgarten eignen sich *Bergenia*, *Mukdenia* und ihre Hybride, × *Mukgenia,* die im Herbst flammende Farben zeigen.

Bergenia purpurascens, **Purpurrötliche Bergenie**

Euphorbiaceae

Wolfsmilchgewächse

Die Wolfsmilch-Familie ist so groß und variantenreich, dass es schwierig ist, verbindende Merkmale für alle Mitglieder zu benennen. Selbst innerhalb der größten und bekanntesten Gattung *Euphorbia*, der Namensgeberin der Familie, finden sich verschiedenste Pflanzen: von krautigen Waldbewohnern bis zu Wüsten-Sukkulenten.

VERWENDUNG IM GARTEN

Einige krautige Stauden aus der Gattung *Euphorbia*, die im Frühling blühen, sind beliebte Gartenpflanzen. Der Weihnachtsstern *(Euphorbia pulcherrima)* mit seinen farbigen Hochblättern wird als Zimmerpflanze geschätzt, wächst in warm-gemäßigtem Klima aber zu einem Baum heran. In subtropischen Gärten wird gern der Christusdorn *(E. millii)* mit seinen kleinen roten Blüten und sehr stacheligen Sprossen gepflanzt. In kühlem Klima werden die tropischen Sträucher Kroton *(Codiaeum variegatum)* mit ledrigen Blättern und Katzenschwänzchen *(Acalypha hispida)* mit langen, flauschigen Blütenständen als Zimmerpflanzen kultiviert. Der Wunderbaum *(Ricinus communis)* mit seinen exotisch geformten Blättern ist gelegentlich als Gartenpflanze zu sehen.

Euphorbia pulcherrima,
Weihnachtsstern

Dalechampia spathulata

Größe der Familie

Mit mehr als 6500 Arten in etwa 229 Gattungen ist dies eine recht große Familie von Blütenpflanzen, von denen die meisten krautig sind.

Verbreitung

Wenngleich die Mehrzahl der Euphorbiaceae in den Tropen heimisch ist, findet man die Gattung *Euphorbia* auch in einigen gemäßigten Regionen, beispielsweise den südlichen USA, dem Mittelmeerraum, dem Nahen Osten und Südafrika.

Ricinus communis,
Wunderbaum

vlnr: Samenkapsel, einzelner Same (nicht maßstabsgetreu)

Die größte Konzentration tropischer Arten findet sich in Indonesien und Amerika. Einige afrikanische Wolfsmilchgewächse sehen aus wie Kakteen – eine Folge paralleler (konvergenter) Entwicklung.

Herkunft

Forscher von Kew Gardens (London) schätzen, dass die ersten Pflanzen der Ordnung Malpighiales (der die Euphorbiaceae angehören) vor etwa 91–88 Millionen Jahren auftauchten. Fossilfunde legen nahe, dass sich die Wolfsmilchgewächse etwa 45 Millionen Jahre später entwickelten.

Blüten

Die Einzelblüten sind meist klein und unscheinbar, fallen aber ins Auge, wenn sie große Köpfe oder Scheinblüten bilden – beispielsweise die grell gelbgrünen Blütenstände der Sumpf-Wolfsmilch *(Euphorbia palustris)* oder die langen Blütenstände des Katzenschwänzchens *(Acalypha hispida).*

Die Scheinblüte (Pseudanthium) besteht aus dicht zusammenstehenden, winzigen Blüten sowie farbigen Brakteen und Nektardrüsen. Weitere Beispiele sind *Dalechampia spathulata* mit rosa Brakteen, *Euphorbia fulgens* mit leuchtend roten Drüsen und *E. corollata* mit ungewöhnlichen weißen Drüsen-Anhängen.

Blätter

Wolfsmilchgewächse haben meist wechselständige, einfache Blätter. Zusammengesetzte Blätter sind stets palmat *(Ricinus communis),* niemals pinnat. Die Stiele sondern, wenn sie verletzt werden, einen milchigen Saft ab, der giftig ist und Hautreizungen verursachen kann.

Acalypha hispida,
Katzenschwänzchen

Salicaceae

Weidengewächse

Die bekanntesten Vertreter dieser Familie von Bäumen und Sträuchern sind die Weiden *(Salix)* und Pappeln *(Populus)*. Ursprünglich waren diese Gattungen die einzigen Mitglieder der Familie. Heute werden ihr nun auch viele tropische Arten zugeordnet.

Größe der Familie

Etwa 450 der 1200 Arten der Salicaceae sind Weiden, und diese Zahl beinhaltet nicht die Hybriden.

Verbreitung

Nach alter Klassifizierung beschränkte sich die Familie der Weidengewächse vorwiegend auf die nördliche Halbkugel. Durch Aufnahme der Flacourtiaceae reicht das Verbreitungsgebiet nun bis in die Tropen und weiter südlich. *Salix arctica* ist von allen Gefäßpflanzen am weitesten nördlich zu finden (83° N).

Herkunft

In Utah und Colorado wurden sehr gut erhaltene Fossilien gefunden, die nahelegen, dass Pflanzen dieser Familie schon im Eozän (vor 53–48 Millionen Jahren) vorkamen.

Blüten

Die kleinen Blüten der Weiden und Pappeln bilden Kätzchen, wobei weibliche und männliche auf verschiedenen Pflanzen stehen. Die Blüten besitzen weder Kelchblätter noch Kronblätter. Jede männliche Blüte trägt mindestens zwei Staubblät-

Abb.1.1. Weibliche (links) und männliche (rechts) Weidenblüten besitzen keine Kronblätter. Sie stehen in Kätzchen auf separaten Pflanzen.

Abb.1.2. Männliche Blüte mit zahlreichen Staubblättern und einer haarigen Braktee. Diese geben den Kätzchen ihr flauschiges Aussehen.

Abb.1.3. Entfernt man von einer weiblichen Blüte die Brakteen, sieht man den Fruchtknoten und die gewundene Narbe. Die Wölbung im Stiel ist ein Nektarium.

Abb.1.4. Weidenfrüchte (oben) sind trockene Kapseln, die aufplatzen und zahlreiche kleine Samen mit seidigen Härchen (unten) ausschütten. Diese werden vom Wind verbreitet.

Populus nigra
Schwarz-Pappel

ter, manchmal deutlich mehr. Die rundlichen Kätzchen von Weiden stehen aufrecht, und jede der winzigen Blüten sitzt in einer haarigen Braktee. Pappeln tragen hängende Kätzchen mit haarigen, glatten oder faserigen Brakteen. Andere Salicaceae haben Blüten mit Kelchblättern und Kronblättern in gleicher Anzahl, manche besitzen keine Kronblätter. Die Anzahl der Staubblätter rangiert zwischen einem und vielen.

VERWENDUNG IM GARTEN

Weiden und Pappeln tauschen bereitwillig Gene mit anderen Arten der jeweiligen Gattung aus. Die daraus resultierenden Hybriden sind oft wüchsiger als die Elternpflanzen und eignen sich zur Bodenbefestigung, als Sichtschutz oder zum Schnitt (Biomasse zur Energiegewinnung). Für durchschnittliche Gärten sind Weiden und Pappeln meist zu groß, außerdem können ihre Wurzeln Rohrleitungen beschädigen. Empfehlenswert ist hingegen der attraktive Strauch *Salix fargesii*.

Abgeschnittene Weidenruten bewurzeln sich leicht und bilden, wenn man sie in einer Reihe pflanzt, ein Zwischending zwischen Zaun und Hecke. Man kann aus ihnen niedrige Zäune flechten oder Weiden-Wigwams für Kinder bauen. Eine Bereicherung für den Garten ist *Azara microphylla,* die im Winter Blüten mit Vanilleduft trägt.

Früchte

Zumeist werden trockene Kapselfrüchte gebildet (bei Weide und Pappel Samen mit seidigen Härchen), bei einigen Vertretern auch Beeren und fleischige Kapseln.

Blätter

Weiden, Pappeln und Espen sind sommergrün, letztere zeigen oft eine prächtige Herbstfärbung. Auch andere Arten aus gemäßigten Zonen sind sommergrün (*Poliothyrsis*, *Carrierea* und *Idesia*), *Azara* und die meisten anderen tropischen Gattungen hingegen immergrün. Die Blätter sind wechselständig (selten gegenständig) mit gut erkennbaren Blattstielen. Einige Arten (darunter die meisten Weiden) tragen Nebenblätter.

Idesia polycarpa,
Orangenkirsche

Violaceae

VEILCHENGEWÄCHSE

Veilchen und Stiefmütterchen – kleine, krautige Pflanzen mit hübschen Blüten – machen den Hauptanteil dieser mittelgroßen Familie aus. Andere Familienmitglieder haben einen geringeren Schmuckwert und sind darum weniger bekannt.

Größe der Familie

Viola ist mit etwa 700 Arten die größte Gattung. Einige Arten sind kurzlebig, beispielsweise das Wilde Stiefmütterchen *(Viola tricolor)*, eine krautige Pflanze, die auf kurzen Rasen oder Brachland wächst. Die meisten Arten sind jedoch krautige Stauden, so auch das Hain-Veilchen *Viola riviniana*. Der Rest der Familie umfasst etwa 300 Arten. Usambaraveilchen *(Saintpaulia)* sind mit dieser Familie nicht verwandt.

Verbreitung

Echte Veilchen *(Viola)* sind hauptsächlich in den gemäßigten Zonen der nördlichen Halbkugel heimisch. Andere Vertreter der Familie sind weltweit verbreitet. In den Tropen findet man Violaceae vorwiegend in höheren Lagen.

Herkunft

Da Fossilfunde der Violaceae nicht vorhanden sind, ist es schwierig, das Alter der Familie mit Sicherheit zu bestimmen. Da sie der Ordnung *Malpighiales* angehören, könnte ihr Ursprung in der späten Kreidezeit (vor 80–70 Millionen Jahren) liegen, die Entwicklung der echten Veilchen dürfte jedoch wesentlich später stattgefunden haben.

Blüten

Mit Ausnahme der echten Veilchen *(Viola)* tragen alle Violaceae regelmäßige Blüten mit fünf Kelchblättern, fünf Kronblättern und fünf Staubblättern. Sie stehen in Trauben oder Rispen oder erscheinen einzeln in den Blattachseln.

Melicytus crassifolius
Diese strauchig wachsende Art ist in Australien und Neuseeland heimisch und wird dort gelegentlich als Zierpflanze kultiviert.

Viola tricolor,
Wildes Stiefmütterchen

Viola lutea,
Vogesen-Stiefmütterchen

Viola-Blüten haben ungleiche Kronblätter. Die beiden oberen sind oft am größten und bilden einen Sporn. Die Blüten können blau, gelb, weiß, cremeweiß, aber auch zwei- und mehrfarbig sein. Die Hauptblüte fällt in den Frühling und Frühsommer, kann aber länger andauern.

Bestäubung

Durch den Duft und die lineare Zeichnung locken die Blüten Bienen an. Nektar im Sporn veranlasst sie, weiter zu kriechen, sodass der Bienenkörper die weibliche Narbe berührt. Die Bienen streifen auch die Staubbeutel, sodass sich Pollen auf ihrem Rücken sammelt. So kann eine einzelne Biene im Lauf eines Tages Hunderte von Blüten bestäuben.

VERWENDUNG IM GARTEN

Veilchen und Stiefmütterchen sind als Beet- und Kübelpflanzen außerordentlich beliebt. 1979 ist es britischen Züchtern gelungen, Stiefmütterchen zu entwickeln, die sogar im Winter den Garten mit ihren Blüten schmücken. Duft-Veilchen *(Viola odorata)* und Horn-Veilchen *(V. cornuta)* sind zierlicher, aber nicht minder attraktiv. Einige Arten, darunter das blau blühende Pfingst-Veilchen *(V. sororia),* können in schattigen Rasenflächen verwildern, was manche Gärtner begrüßen und andere lästig finden.

Viola odorata,
Duft-Veilchen

Viola cornuta,
Horn-Veilchen

Fabaceae

Hülsenfrüchtler

Der Wert dieser Familie beweist sich im Gemüsegarten mit den Hülsen der einjährigen Erbsen und Bohnen. Hülsenfrüchtler von kommerzieller Bedeutung sind auch Sojabohnen, Linsen, Erdnüsse und Futterpflanzen wie Luzerne und Klee. Unter den weltweit verbreiteten Hülsenfrüchtlern finden sich auch Bäume von wirtschaftlichem Interesse, darunter Akazien, Palisanderbäume *(Dalbergia),* Gleditschien *(Gleditsia)* und Robinien *(Robinia).*

Größe der Familie

Mit über 19 500 Arten ist dies die drittgrößte Pflanzenfamilie. Viele Arten stammen aus den Tropen und eignen sich nicht für hiesige Gärten. Ausnahmen sind Bäume wie Goldregen *(Laburnum)* und Judasbaum *(Cercis),* Kletterpflanzen wie Blauregen *(Wisteria)* und Wicken, Sträucher wie manche Akazienarten *(Acacia)* und Ginster *(Cytisus, Genista, Argyrocytisus)* sowie krautige Pflanzen wie Lupinen und Färberhülse *(Baptisia).*

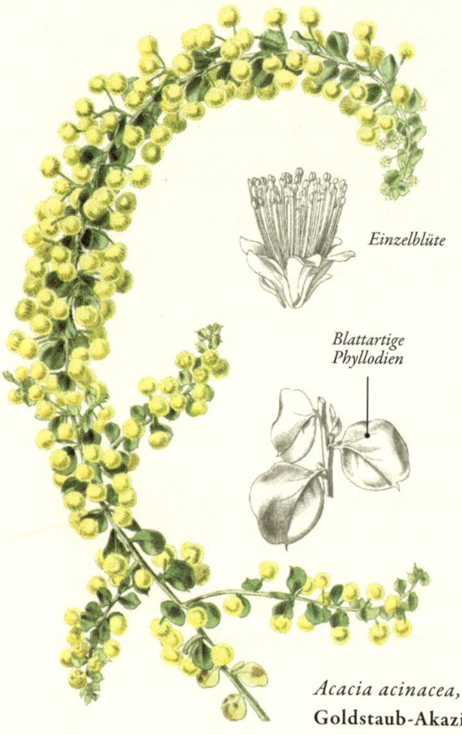

Acacia acinacea, **Goldstaub-Akazie**

Pisum sativum, **Gartenerbse**

Verbreitung

Diese Familie ist weltweit verbreitet, mit Ausnahme der Antarktis und der Region um den Nordpol. Besonders groß ist die Artenvielfalt in den Tropen, wo sie in trockenen und feuchten Wäldern anzutreffen ist. Akazien und ihre Verwandten machen beispielsweise einen Hauptanteil der trockenen Wälder südlich der Sahara aus.

Herkunft

Untersuchungen von Fossilien und DNA-Studien legen nahe, dass Hülsenfrüchtler aus dem Paläogen (frühes Tertiär) stammen. Die frühesten Fossilien sind etwa 56 Millionen Jahre alt. Im Eozän fand eine Diversifizierung statt, und mehrere erkennbare Gruppen entwickelten sich.

Lathyrus odoratus,
Wohlriechende Wicke

VERWENDUNG IM GARTEN

Die Blüten zahlreicher winterharter Hülsenfrüchtler werden von Bienen bestäubt. Die Pflanzung im Garten empfiehlt sich, um diese bedeutenden Nützlinge anzulocken, indem man beispielsweise Klee *(Trifolium)* und Hornklee *(Lotus)* im Rasen wachsen und blühen lässt – zumindest in einigen Ecken, wenn der Rasen ansonsten geschoren sein soll. Auch Feuerbohnen *(Phaseolus coccineus)* und Wicken – am Zaun oder im Staudenbeet – ziehen Bienen an.

Trifolium reflexum

Blüten

Unter den Fabaceae finden sich viele Blütenformen, Gärtnern sind aber vor allem die Schmetterlingsblüten vertraut. Sie besitzen fünf Kelchblätter, die meist teilweise röhrig verwachsen sind, sowie fünf Kronblätter. Das obere Kronblatt bildet die Fahne, die beiden seitlichen bilden die Flügel, die als Landeplatz für Insekten dienen. Die beiden unteren sind teilweise verwachsen und bilden das Schiffchen. Zehn Staubblätter, manchmal miteinander verwachsen, liegen darin und schieben sich vor, wenn Bestäuber auf der Blüte landen. Außer dieser Grundform gibt es Blüten mit kleinen Kronblättern und vorstehenden Staubblatt-Büscheln *(Acacia, Albizia)*, gleichartigen Kronblättern *(Senna, Delonix)* oder mit an der Basis zur Röhre verwachsenen Kronblättern *(Trifolium)*.

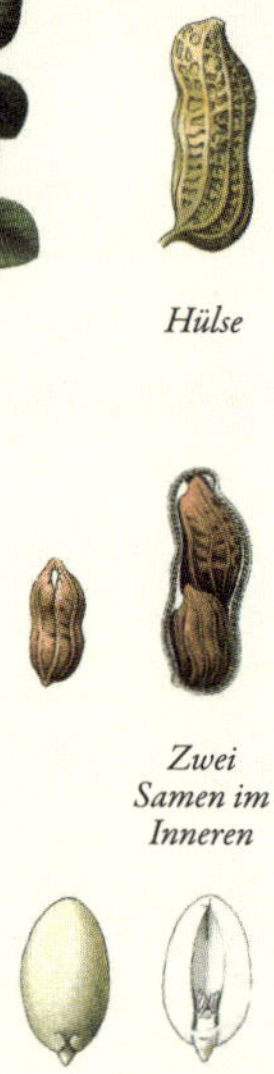

Arachis hypogaea,
Erdnuss

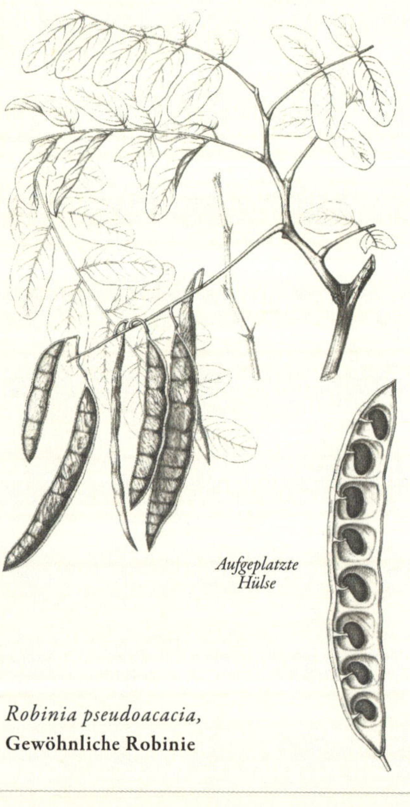

Robinia pseudoacacia,
Gewöhnliche Robinie

Früchte

Die Früchte, die fälschlicherweise oft als Schoten bezeichnet werden, aber tatsächlich Hülsen sind, gelten als das beste Erkennungsmerkmal dieser Pflanzenfamilie. Sie platzen, wenn sie trocken sind, an beiden Längsseiten auf. Im Inneren liegen die Samen in einer Reihe. Vereinzelt kommen andere Früchte vor, die meisten Arten tragen jedoch solche Hülsen, die – wie die rotvioletten Früchte der Helmbohne *(Lablab purpureus)* – sehr attraktiv aussehen können. Die Hülsen von Ginster und Lupine platzen und schleudern die Samen heraus. Andere hängen offen herab, sodass die Samen zu Boden fallen. Die Hülsen von Johannisbrotbaum *(Ceratonia),* Tamarinde *(Tamarindus)* und Gleditschie *(Gleditsia)* enthalten ein süßes Mark, das hungrige Tiere anlockt.

Lens culinaris,
Linse

Lablab purpureus,
Helmbohne

Stickstoffbindung

Alle Pflanzen benötigen eine zuverlässige Versorgung mit drei Nährstoffen: Stickstoff (N), Phosphor (P) und Kalium (K). Die Nutzung von Stickstoff ist aber schwierig, obwohl er 78 Prozent der Atmosphäre ausmacht: Pflanzen können Stickstoff nicht direkt aus der Luft aufnehmen, und er geht nur ungern Verbindungen mit anderen Elementen ein, die löslich sind, und so von den Wurzeln aufgenommen werden können. Viele Hülsenfrüchtler bilden an ihren Wurzeln Knötchen, in denen Bakterien leben. Diese bauen den Stickstoff aus der Luft in pflanzenverfügbare Verbindungen ein. So können Hülsenfrüchtler auch auf nährstoffarmen Böden gedeihen, und sie lassen im Boden Stickstoffverbindungen zurück, von denen andere Pflanzen profitieren. Gärtner setzen darum Hülsenfrüchtler gezielt in der Fruchtfolge oder als Gründünger ein. Nach der Ernte können Starkzehrer wie Mais gepflanzt werden, welche die im Boden zurückgebliebenen Stickstoffverbindungen nutzen.

Blätter

Die meisten Hülsenfrüchtler tragen zusammengesetzte, gefiederte (pinnate) Blätter. Bei manchen sind die Fiedern handförmig angeordnet (Lupine, Klee), bei anderen sind sie in kleinere Fiedern geteilt *(Acacia, Albizia)*. Judasbaum *(Cercis)* und einige andere Arten haben ungeteilte Blätter. Sie sind wechselständig angeordnet und besitzen oft Nebenblätter, die blattähnlich erscheinen *(Pisum)* oder sich zu Dornen entwickeln *(Robinia)*. Kletternde Duft-Wicken *(Lathyrus odoratus)* tragen statt des endständigen Fiederblatts eine Blattranke. Viele australische Arten scheinen einfache Blätter zu haben, doch dabei handelt es sich um abgeflachte Blattstiele (Phyllodien). Ihre Sämlinge tragen normalerweise die üblichen geteilten Blätter. Ein besonderes Merkmal vieler Hülsenfrüchtler ist, dass sich ihre Blätter abends zusammenfalten. Die Blätter der Mimose *(Mimosa pudica)* reagieren ebenso, wenn ein hungriges Insekt (oder ein neugieriges Kind) sie berührt.

Delonix regia,
Flammenbaum

Moraceae

Maulbeergewächse

Diese Familie besteht größtenteils aus Bäumen, Sträuchern und großen tropischen Kletterpflanzen (Lianen). Die unscheinbaren Blüten sind meist winzig und bilden Sammelfrüchte wie die essbaren Feigen und Maulbeeren.

Größe der Familie

Die Familie Moraceae enthält etwa 1150 Arten in 38 Gattungen. Die echte Feige *(Ficus carica)* ist nur ein Vertreter der großen Gattung *Ficus*, von der etwa 850 Arten in den Tropen vorkommen. Sie umfasst Sträucher, Kletterpflanzen, Epiphyten, Bäume und groteske Würger, die ganze Bäume überwuchern können. Der Gattung *Morus* gehört etwa ein Dutzend Arten von Maulbeerbäumen an, die in gemäßigtem Klima wachsen. Manche Wissenschaftler gliedern auch die Gattungen *Cannabis* (Hanf) und *Humulus* (Hopfen) in diese Familie ein. Diese unterscheiden sich aber durch ihre fünfzähligen Blüten, ihre trockenen Früchte (Achänen) und krautigen Sprosse. Sie gehören nach moderner Auffassung einer eignen Familie an, den Cannabaceae.

Morus nigra,
Schwarzer Maulbeerbaum

Verbreitung

Vertreter der Moraceae sind weltweit in den Tropen und Subtropen verbreitet. Einige bekannte Arten kommen auch in gemäßigtem Klima vor, darunter der Schwarze Maulbeerbaum *(Morus nigra)* und die echte Feige *(Ficus carica)*. Kletternde Arten wie *F. aurea* spielen für das Ökosystem vieler Regenwälder eine wichtige Rolle. Iroko *(Milicia excelsa)* ist ein geschätzter Hartholzbaum aus dem tropischen Afrika.

Broussonetia papyrifera,
Papiermaulbeerbaum
Ein eigenartiges Gehölz, bei dem sich alle Blätter in der Form unterscheiden. Die weiblichen Sammelfrüchte stehen in kugeligen Köpfchen mit ca. 2 cm Durchmesser.

Herkunft

DNA-Analysen zeigen, dass der Ursprung der Moraceae etwa 80 Millionen Jahre zurückreicht. Der Großteil der heutigen Arten hat sich aber erst vor 40–20 Millionen Jahren entwickelt. Es bestehen enge Verbindungen zur Familie der Brennnesselgewächse (Urticaceae).

Blüten

Moraceae tragen getrennte weibliche und männliche Blüten. Diese können an einer gemeinsamen oder auf getrennten Pflanzen stehen. Die einzelnen Blüten besitzen vier Perianth-Segmente. Zahlreiche Blüten bilden abgeflachte oder schalenförmige Blütenstände oder Kätzchen.

Früchte

Die Früchte sind verschiedenartig, oft jedoch fleischig und gelegentlich essbar. Der fleischige Teil entwickelt sich nicht aus dem Fruchtknoten, sondern aus dem Rezeptakulum, auf dem die Blüte sitzt.

Artocarpus altilis,
Brotfruchtbaum
Viele Arten haben große Früchte mit rauer Schale, die leicht zu verzehren sind, weil sie keine Samen enthalten.

Bestäubung von Feigen

Feigen besitzen ein halb geschlossenes, schalenförmiges Rezeptakulum, in dem sich die winzigen Blüten befinden. Sie werden von weiblichen Feigenwespen bestäubt, die in das Rezeptakulum vordringen. Etwa ein Drittel der Samen, die sich in der Folge entwickeln, dienen den Larven der Feigenwespe als Nahrung.

Ficus carica,
Echte Feige
Feigen bilden Sammelfrüchte, die sich aus vielen kleinen Früchten mit je einem Samen zusammensetzen. Sie sind grün und färben sich in der Reife bräunlich.

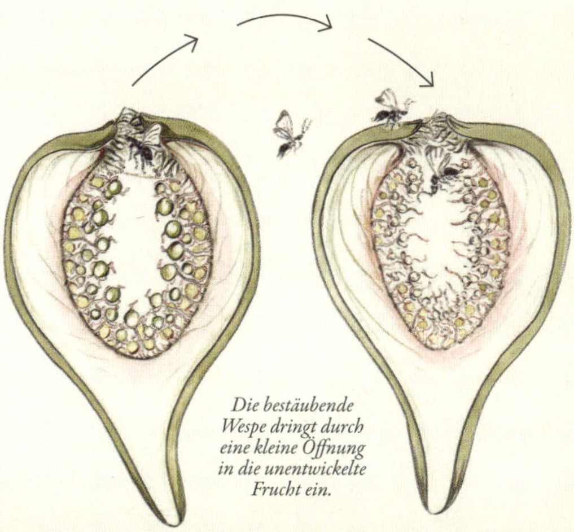

Rosaceae

ROSENGEWÄCHSE

Wahrscheinlich ist dies die Pflanzenfamilie mit der größten gärtnerischen Bedeutung. Sie umfasst Bäume, Sträucher, krautige Stauden, Kletterpflanzen und Einjährige – also für jeden Zweck und Standort das Passende. Auch der kommerzielle Wert ist groß, denn in diese Gruppe fallen viele Obstarten wie Äpfel, Mandeln, Birnen, Pflaumen, Pfirsiche, Kirschen, Erdbeeren, Himbeeren und andere.

Größe der Familie

Die Familie der Rosaceae umfasst mehr als 3000 Mitglieder. Neben den bekannten Obstarten gehören dazu auch dekorative Bäume und Sträucher wie Vogelbeere *(Sorbus),* Weißdorn *(Crataegus),* Feuerdorn *(Pyracantha)*, Zwergmispel *(Cotoneaster)* und selbstverständlich die Rosen *(Rosa)* sowie verschiedene krautige Stauden, darunter Frauenmantel *(Alchemilla),* Nelkenwurz *(Geum),* Fingerkraut *(Potentilla)* und Mädesüß *(Filipendula).*

Rubus spectabilis,
Pracht-Himbeere

Prunus domestica,
Pflaume

Verbreitung

Rosengewächse sind auf allen Kontinenten mit Ausnahme der Antarktis vertreten. Besonders groß ist der Artenreichtum auf der nördlichen Halbkugel, weniger verbreitet ist die Familie in trockenen oder tropisch-feuchten Regionen. Sie macht einen wesentlichen Bestandteil gemäßigter Wälder aus.

Herkunft

Die frühesten Fossilien der Rosaceae sind rund 100 Millionen Jahre alt. Die Blüten sind relativ unspezialisiert und können von verschiedenartigen Bestäubern besucht werden. Manche anderen Familien haben hochspezialisierte Blüten, die nur von bestimmten Bestäubern angeflogen werden.

Rosa canina,
Hunds-Rose

Achänen

Abb.1.1

Hagebutte im Querschnitt

Blüten

Die ungefüllte Blüte der Hunds-Rose ist ein gutes Beispiel für den Blütenaufbau dieser Familie. Fünf grüne Kelchblätter schützen die Knospe. Die geöffnete Blüte besitzt fünf farbige Kronblätter und ein dichtes Büschel aus Staubblättern. Bei vielen Rosen, Zierkirschen *(Prunus)* und anderen wurde die Anzahl der Kronblätter durch züchterische Maßnahmen erhöht. In diesen gefüllten Blüten sind die Staubblätter oft nicht zu sehen oder fehlen ganz. Andere Familienmitglieder wie Frauenmantel *(Alchemilla)* und Wiesenknopf *(Sanguisorba)* besitzen gar keine Kronblätter. Viele Rosaceae duften. Rosen werden zur Gewinnung von ätherischem Öl für die Parfümindustrie kommerziell angebaut. Einige Angehörige der Familie duften jedoch unangenehm. Der fleischige Geruch von Vogelbeeren *(Sorbus)* verfliegt glücklicherweise schnell.

Abb.1.1. Mehrere Fruchtblätter sind von einem schalenförmigen Hypanthium umschlossen. Daraus entwickelt sich nach der Bestäubung die Hagebutte. Die eigentlichen Früchte sind jedoch die Achänen in deren Innerem.

Abb.1.2. Auch Kirschblüten haben ein schalenförmiges Hypanthium, jedoch mit nur einem Fruchtblatt, aus dem sich später eine fleischige Frucht mit einem einzelnen Samen entwickelt.

Abb.1.3. Betrachtet man die Samenanlage ohne Kronblätter und Hypanthium im Querschnitt, erkennt man den einzelnen Samen.

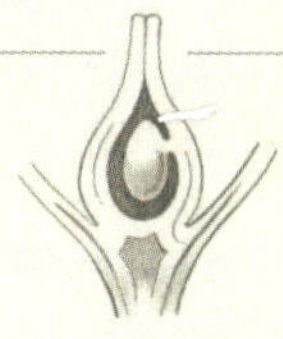

Abb.1.3

Prunus cerasus,
Sauer-Kirsche

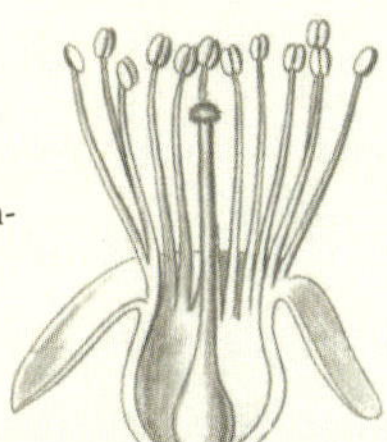

Abb.1.2

Sanguisorba officinalis,
Großer Wiesenknopf

Geum urbanum,
Echte Nelkenwurz
Rosengewächse können trockene oder fleischige Samen bilden. Diese Achänen bleiben mit ihren Häkchen im Fell von Tieren hängen.

Früchte

In der großen Familie werden verschiedenartige Früchte gebildet. Pflanzen mit trockenen Früchten können Zierwert besitzen, etwa Nelkenwurz und Silberwurz *(Geum, Dryas)* oder Stachelnüsschen *(Acaena)*. Fleischige Früchte sind vor allem im Nutzgarten und Erwerbsanbau von Bedeutung. Die Hauptarten – Äpfel, Birnen, Pflaumen, Himbeeren, Brombeeren und Erdbeeren – unterscheiden sich in der Art, wie sich das Fruchtfleisch entwickelt. Äpfel tragen Samen in einem ledrigen Kerngehäuse und Fruchtfleisch, das aus dem Rezeptakulum gebildet wird.

Prunus armeniaca,
Aprikose

Bei Pflaumen hat der Same eine harte Schale, und das Fruchtfleisch entwickelt sich aus einem einzelnen Fruchtblatt. Himbeeren sind Sammelfrüchte aus vielen winzigen Früchten, von denen jede ähnlich wie eine Pflaume aufgebaut ist. Der fleischige Anteil von Erdbeeren wird aus dem Rezeptakulum gebildet. Die eigentlichen Früchte von Erdbeeren sind die Nüsschen auf der Oberfläche.

Blätter

Die Blätter der Rosaceae zeigen verschiedene Varianten. Bei Bäumen und Sträuchern sind sie jedoch meist wechselständig angeordnet, bei krautigen Pflanzen sind sie oft grundständig. Sie können einfach und ungeteilt sein, aber auch fiedrig (pinnat) oder handförmig (palmat) geteilt. Häufig befindet sich an der Basis des Blattstiels ein kleines Büschel von Nebenblättern. Die meisten Arten sind sommergrün, einige besitzen eine attraktive Herbstfärbung, beispielsweise Apfelbeere *(Aronia)* und Vogelbeere *(Sorbus)*. Zu den immergrünen Arten zählen Kirschlorbeer *(Prunus laurocerasus)*, Wollmispel *(Eriobotrya japonica)*, Feuerdorn *(Pyracantha)* und viele *Cotoneaster*-Arten.

Malus domestica,
Apfel

Sorbus aucuparia,
Vogelbeere

Bestäubung

Bei den meisten Pflanzen ist es für die Fortpflanzung nötig, dass Pollen von den Staubblättern einer Blüte auf die Narbe einer anderen übertragen wird. Dadurch mischen sich die Gene, und es entsteht Nachwuchs, der sich genetisch von beiden Eltern unterscheidet. Bei Kreuzbestäubung verschiedener Arten entstehen entweder unfruchtbare Samen oder Kreuzungen, die Ähnlichkeiten zu beiden Eltern aufweisen. Wer Samen von Gartenpflanzen sammelt, muss damit rechnen, dass die Sämlinge nicht dieselben Eigenschaften besitzen wie die Elternpflanzen. Solche Hybriden sind meist unfruchtbar, bilden also selbst keine Samen. Es gibt jedoch einige Ausnahmen, darunter Frauenmantel, Weißdorn, Brombeere *(Rubus)* und Vogelbeeren. Ihre Hybriden können auch ohne Bestäubungspartner Sämlinge hervorbringen, die mit der Elternpflanze genetisch identisch sind. Die Aussaat ihrer Samen ist folglich berechenbar.

VERWENDUNG IM GARTEN

Ohne die Rosaceae würden Nutz- und Ziergärten, Staudenbeete und Wälder seltsam kahl aussehen. Der Familie gehören aber noch weitere nützliche Pflanzen an. Weißdorn, Kirschlorbeer, Glanzmispel (*Photinia × faseri* 'Red Robin') oder Kartoffel-Rose *(Rosa rugosa)* sind hervorragende Heckenpflanzen.

Bodendecker wie *Waldsteinia ternata, Acaena caesiiglauca* und *Rubus pentalobus* unterdrücken Unkraut, Kletterrosen oder Rambler können über Bögen und Lauben gezogen werden. Die Blüten locken eine Vielzahl von Insekten an, und auch die Früchte der Rosaceae stehen bei Nützlingen hoch im Kurs.

Rosa multiflora,
Büschel-Rose

Begoniaceae

BEGONIENGEWÄCHSE

Viele Gärtner kennen Begonien als Blütenschmuck für Ampeln und als Zimmerpflanze. Diese ausdauernden krautigen oder strauchigen Pflanzen können Faserwurzeln, Rhizome oder Knollen besitzen. Einige Arten sind einjährig, andere verholzen und klettern.

Größe der Familie

Die Familie umfasst etwa 1400 Arten, von denen alle bis auf eine der Gattung *Begonia* angehören, der sechstgrößten Gattung unter den Blütenpflanzen. Die einzige Ausnahme stellt *Hillebrandia sandwicensis* dar, die auf Hawaii heimisch ist.

Begonia **'Prestoniensis'**

Verbreitung

Begoniaceae kommen in den tropischen und subtropischen Regionen Asiens, Afrikas und Amerikas vor, jedoch nicht in Australien. Besonders häufig wachsen sie auf den Ästen tropischer Bäume oder auf dem Boden des Regenwalds.

Herkunft

Wegen der weichen Sprossachsen und Blätter gibt es kaum *Begonia*-Fossilien. Ein kürzlich entdecktes Fossil stammt aus dem Pliozän (vor 5–3 Millionen Jahren), andere Analysen legen nahe, dass es die Gattung schon im Eozän oder Oligozän (vor 45–30 Millionen Jahren) gab.

Blüten

Bei der Gattung *Begonia* stehen separate männliche und weibliche Blüten auf derselben Pflanze oder seltener auf getrennten Individuen. Die Blüten, einzeln oder in Gruppen, erscheinen in den Blattachseln. Kelchblätter und Kronblätter sehen ähnlich aus (Tepalen) und sind meist weiß oder rosa, seltener rot, orange oder gelb. Männliche Blüten haben zwei Tepalenpaare, von denen eines größer als das andere ist, und ein Büschel gelber Staubblätter. Weibliche Blüten haben fünf Tepalen und darunter eine dreiseitige, geflügelte Samenanlage. Auch sie scheinen gelbe Staubblätter zu besitzen, doch dabei handelt es sich um Narben. Zuchtformen besitzen oft zahlreiche zusätzliche Tepalen. Die männlichen und weiblichen Blüten der hawaiianischen *Hillebrandia* tragen je fünf Kelch- und Kronblätter.

Begonia coriacea

Blätter

Ein Erkennungsmerkmal der Begonien sind die Blätter, die asymmetrisch sind und entfernt an die Form eines menschlichen Ohrs erinnern. Die Blätter sind wechselständig – in Einzelfällen gegenständig – und fleischig, meist mit Blattstiel und erkennbaren Nebenblättern. Viele Arten haben ungeteilte Blätter, es gibt aber auch Arten mit pinnaten *(Begonia bipinnatifida)* oder palmaten Blättern *(B. luxurians)*. Der Schmuckwert von Begonien beruht auch auf den zahlreichen Farben und Mustern der Blätter.

Begonia diadema

VERWENDUNG IM GARTEN

Wegen ihrer verschiedenen Wuchsformen sind Begonien vielseitig einsetzbar. Im Gegensatz zu anderen Sommerblumen vertragen Knollen- und Wachsbegonien auch Schatten und eignen sich darum für Beete und Kübel auf der Nordseite. Die frostempfindliche *Begonia luxurians* kann über Sommer im Kübel stehen und sorgt mit ihren exotischen Blättern für Aufsehen. *B. grandis* andererseits ist eine krautige Staude, die ganzjährig im Beet bleiben kann, weil ihre unterirdischen Knollen den Winter überdauern. Als Zimmerpflanzen empfehlen sich die buntblättrigen Begonien, etwa die behaarte *B. sizemoreae*, die silbrige *B. imperialis* oder – in einem kleinen Glashaus oder Terrarium – die zarte *B. rajah*.

Begonia grandis,
Winterharte Begonie

Cucurbitaceae

KÜRBISGEWÄCHSE

Bekannt ist diese Pflanzenfamilie vor allem wegen ihrer großen Früchte, zu denen Kürbisse, Gurken, Zucchini und Melonen gehören. Zu ihr gehören aber auch große, verholzende Dschungel-Kletterpflanzen (Lianen). Auf der arabischen Insel Sokotra, die für ihre ungewöhnliche Flora bekannt ist, wächst ein baumförmiges Mitglied: *Dendrosicyos socotrana.*

Größe der Familie

Die Familie umfasst 122 Gattungen und 940 Arten zumeist krautiger, einjähriger Kletterpflanzen, die keinen Frost vertragen.

Cucumis melo, **Melone**

Verbreitung

Die Familie ist in allen tropischen und subtroischen Regionen der Erde vertreten, vor allem in den südamerikanischen Regenwäldern und dem afrikanischen Busch. Einige Arten haben sich an trockenere Halbwüsten angepasst, wo sie den Einheimischen als Nahrungs- und Wasserquelle dienen. In den gemäßigten Regionen der Welt werden viele Kulturformen als einjährige Nutzpflanzen angebaut.

Herkunft

Unter den vorhandenen Fossilien stammen die ältesten von der prähistorischen Art *Cucurbitaciphyllum lobatum* aus dem Paläozän (vor 61–56 Millionen Jahren). Der genaue evolutionäre Ursprung ist unklar, denn die Familie weist nur wenige Ähnlichkeiten zu anderen Familien wie den Begoniaceae auf, mit denen sie manchmal zusammengefasst wird. Die spezialisierte Anatomie und Biochemie der Kürbisgewächse legt nahe, dass sie hochentwickelt sind.

Momordica balsamina, **Balsamapfel**

Blätter

Ein gemeinsames Merkmal der Cucurbitaceae sind die ungeteilten, handförmig geaderten Blätter, die wechselständig an der fünfkantigen, behaarten Sprossachse stehen. Manchmal sind sie groß und handförmig gelappt. Viele Arten bilden an der Blattbasis Ranken, die sich spiralförmig fest um verfügbare Stützen winden und den Spross daran in die Höhe ziehen.

Luffa aegyptiaca,
Schwammkürbis

Cucumis sativus,
Gurke

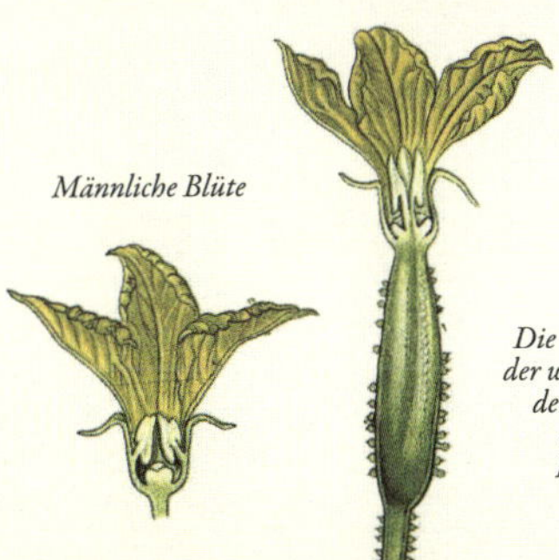

Weibliche Blüte

Männliche Blüte

Die Verdickung unter der weiblichen Blüte ist der unterständige, unbefruchtete Fruchtknoten.

Blüten

Die Blüten sind entweder männlich oder weiblich und können auf einer oder auf getrennten Pflanzen stehen. Weibliche Blüten haben einen unterständigen Fruchtknoten, über dem die Kelch- und Kronblätter ansetzen. Wenn die Samenanlage anschwillt, um die Frucht zu bilden, ist dies gut zu erkennen. Die gelben oder weißen Kronblätter sind meist groß und an der Basis mehr oder weniger miteinander verwachsen.

Früchte

Die Früchte können eigentümlich, aber interessant sein – von langhalsigen Flaschenformen bis zu warzigen Kürbissen in vielen Farben. Streng genommen handelt es sich um Beeren, denn diese definieren sich als fleischige Früchte ohne holzige oder harte Hülle und mit vielen Samen im Inneren. Manche Früchte haben eine feste Schale (Wassermelonen, Kürbisse), andere sind trocken und ledrig. Das getrocknete Skelett der Früchte von *Luffa cylindrica* wird als «Luffa-Schwamm» verwendet.

Betulaceae

Birkengewächse

Zu dieser Familie gehören Bäume und Sträucher wie Erle *(Alnus)*, Birke *(Betula)*, Hainbuche *(Carpinus)* und Hasel *(Corylus)* mit ansprechendem Habitus und oft abschilfernder Rinde. Haselnüsse werden wegen ihrer essbaren Samen kommerziell angebaut.

Corylus avellana,
Hasel
Männliche und weibliche Blüten stehen an derselben Pflanze, sind aber leicht zu unterscheiden.

Größe der Familie

Dies ist eine kleine Familie mit etwa 140 Arten. Neben den vier bereits genannten Gattungen, unter denen *Betula* die größte ist, umfasst sie noch die Hopfenbuchen *(Ostrya)* und die Scheinhopfenbuchen *(Ostryopsis)*.

Verbreitung

Die Bäume der Birkenfamilie sind in den gemäßigten Regionen Europas, Asiens und Nordamerikas heimisch. In den Tropen kommen sie nur in großen Höhen vor. Die Schwarz-Erle *(Alnus glutinosa)* ist auch in Nordamerika anzutreffen, die Art *A. acuminata* bis ins nördliche Argentinien.

Herkunft

Zahlreiche Fossilfunde lassen vermuten, dass die Betulaceae im Paläozän (vor 65 Millionen Jahren) entstanden. Unterscheidbare Gattungen entwickelten sich vor etwa 45 Millionen Jahren.

Blüten

Alle Betulaceae bilden Kätzchen. Sie tragen keine auffälligen Blüten, wiegen sich aber charmant im Wind. Männliche und weibliche Blüten stehen in separaten Kätzchen am gleichen Baum. Männliche Kätzchen hängen herab, der Pollen wird durch den Wind verbreitet. Weibliche Kätzchen können aufrecht stehen *(Corylus, Ostryopsis)* oder hängen und besitzen vorspringende Brakteen *(Carpinus, Ostrya)*. Die Kätzchen bestehen aus zahlreichen schuppenartigen Brakteen, von denen jede eine bis drei Blüten trägt. Die einzelnen Blüten sind sehr klein und besitzen keine oder nur wenige Kelch- und Kronblätter. Weibliche Erlenkätzchen sehen aus wie kleine Zapfen. Bei der Hasel sind sie stark reduziert und – abgesehen von den vorspringenden, leuchtend roten Narben – kaum zu erkennen.

Früchte

Alle Betulaceae bilden Kätzchen mit trockenen Früchten mit einzelnen Samen. Birkenkätzchen zerfallen in winzige, geflügelte Früchte. Bei Hainbuchen dienen die Brakteen als Flügel zur Verbreitung der Früchte. Haselnüsse bilden sich in einem «Kragen» aus blattartigen oder manchmal stacheligen Brakteen.

Blätter

In ihrer Grundform sind die Blätter der Betulaceae wechselständig und ungeteilt mit gesägtem Rand und kleinen Nebenblättern, die abfallen. Die Pflanzen sind meist sommergrün, einige haben eine attraktive, wenngleich kurzlebige Herbstfärbung. Einige Arten wie *Alnus jorullensis* sind immergrün oder zumindest halbimmergrün. Hainbuchen und viele andere weisen zudem eine markante Aderung auf.

Carpinus betulus,
Gewöhnliche Hainbuche

Betula pendula,
Hänge-Birke

VERWENDUNG IM GARTEN

Wegen der abschilfernden, oft interessant gefärbten Rinde sind manche Birken für mittelgroße Gärten beliebt. Besonders bekannt ist die Himalaya-Birke (*Betula utilis* var. *jacquemontii*), deren weiße Stämme vor allem bei Gruppenpflanzung im winterlichen Garten geradezu gespenstisch leuchten. Die Chinesische Birke (*B. albosinensis*) trägt eine rosa Rinde, die in großen Stücken abschilfert. Im Sommer trägt die Hainbuchenart *Carpinus fangiana* Kätzchen, die sich reizvoll von den großen, attraktiv geaderten Blättern abheben.

Fagaceae

BUCHENGEWÄCHSE

Dieser Familie gehören viele bemerkenswerte und bedeutende Baumarten an, beispielsweise Eiche *(Quercus)*, Buche *(Fagus)* und Kastanie *(Castanea)*. Von wirtschaftlicher Bedeutung sind sie als Lieferanten von Holz, Kork und Esskastanien. Einige wachsen zu großen Bäumen heran, andere bleiben kleiner und wachsen strauchig.

Größe der Familie

Von den rund 970 Arten dieser Familie sind etwa die Hälfte (430) Eichen. Viele eignen sich gut für Gärten oder für die Landschaftsgestaltung. Die zierliche Art *Quercus monimotricha* wird nur knapp zwei Meter hoch, während die stattliche Rot-Eiche *(Q. rubra)* die zwanzigfache Höhe erreichen kann und sich am besten für Parks und offene Landschaften eignet.

Lithocarpus daphnoideus

Verbreitung

Fagaceae sind in gemäßigten und tropischen Regionen der nördlichen Halbkugel verbreitet. Eichen, Buchen und Kastanien kommen auf den nördlichen Kontinenten vor, die restlichen Gattungen beschränken sich auf Asien *(Castanopsis, Lithocarpus)* oder Nordamerika *(Chrysolepis, Notholithocarpus)*. Die Gattung *Trigonobalanus* ist nur in Kolumbien und Südostasien vertreten.

Fagus sylvatica, **Rot-Buche**

Herkunft

Von den Fagaceae gibt es zahlreiche Fossilien, anhand derer sich der Ursprung auf die späte Kreidezeit (vor ca. 82 Millionen Jahren) festlegen lässt.

Blüten

Alle Mitglieder der Familie tragen separate männliche und weibliche Blüten, normalerweise auf dem gleichen Baum, manchmal sogar im gleichen Blütenstand. Die meisten Gattungen tragen männliche Blüten in fingerförmigen Ähren, es kommen aber auch hängende Kätzchen (Eiche) oder Köpfchen

(Buche) vor. Weibliche Blüten können in Paaren, Dreiergruppen, Ähren oder einzeln stehen. Die weiblichen Blüten sind von mehreren überlappenden Brakteen umgeben. Aus diesen entwickelt sich der Fruchtbecher, in dem die Frucht sitzt.

Weibliche Blüte im Querschnitt

Männliche Blüte

Castanea sativa,
Edelkastanie
Die Kastanien bilden sich in einer stacheligen Kugel, die aufplatzt, wenn die Früchte reif sind.

Früchte

Bei Eichen und den Gattungen *Lithocarpus* und *Notholithocarpus* bildet jede weibliche Blüte eine einzelne Eichel in einem schuppigen Fruchtbecher. Bei Buchen und den übrigen Gattungen bildet jede Blüte eine oder mehr kantige Früchte, die in einem stacheligen Fruchtbecher sitzen.

Blätter

Fagaceae können sommergrün oder immergrün sein. Die sommergrünen Arten zeichnen sich durch eine meist prächtige Herbstfärbung aus. Die Blätter sind wechselständig und ungeteilt, bei einigen Eichenarten jedoch tief gelappt. Nebenblätter findet man vor allem am Neuaustrieb. Die Blattränder sind glatt oder gesägt, der Blattstiel ist meist an der Basis angeschwollen.

Quercus montana,
Kastanien-Eiche

Quercus velutina,
Färber-Eiche

Schweinemast

Früher wurden Schweine im Herbst in Waldgebiete getrieben, damit sie Eicheln und Bucheckern fraßen und Fleisch ansetzten. Traditionell wurde der Begriff «Mast» für die Baumfrüchte verwendet, die als Viehfutter dienten. In manchen Jahren tragen alle Bäume eines bestimmten Gebiets ungewöhnlich viele Früchte und sorgen so nicht nur für die Nahrung von Eichhörnchen, Eichelhähern, Wildschweinen und ihren domestizierten Vettern, sondern auch für den Fortbestand der Art, weil genügend Samen am Boden liegen bleiben und keimen. Wie es möglich ist, dass die Bäume in einem großen Gebiet die Menge der Früchte «synchronisieren», ist noch unbekannt.

Juglandaceae

Walnussgewächse

Bekannt ist diese Familie durch ihre Wal- und Hickorynüsse. Ihr gehören viele andere große Hartholzbäume an, die wegen ihres Holzes und ihrer Nüsse geschätzt werden. Die stattliche Größe ist ein Merkmal, das sie mit den eng verwandten Familien Fagaceae (Buchen und Eichen) und Betulaceae (Birken und Hainbuchen) gemeinsam haben.

Größe der Familie

Diese kleine Familie erfasst nur acht Gattungen mit insgesamt 61 Arten von sommergrünen Hartholzbäumen. Zu den bekanntesten Gattungen zählen Walnuss *(Juglans)* und Hickory *(Carya)*. Die Familie wird in zwei Unterfamilien unterteilt. Der Unterfamilie Juglandoideae gehören die Gattungen *Juglans* und *Carya* an. In die Unterfamilie Oreomunneoideae fallen weniger bekannte Gattungen wie *Pterocarya* (Flügelnuss), *Engelhardtia*, *Oreomunnea* und *Platycarya*.

Engelhardia spicata

VERWENDUNG IM GARTEN

Bekannt ist die Familie vor allem wegen der essbaren Walnüsse *(Juglans regia)*, Pekannüsse *(Carya pecan, C. illinoensis)* und Hickorynüsse *(C. ovata)*. Die Bäume haben ein stattliches Erscheinungsbild und eine schöne Herbstfärbung, eignen sich wegen ihrer Größe aber nur für sehr große Gärten oder Parks.

Carya illinoinensis,
Pekannuss

Verbreitung

Die Unterfamilie Juglandoideae beschränkt sich hauptsächlich auf die gemäßigten und subtropischen Regionen der nördlichen Halbkugel, nur einige amerikanische Arten sind bis in die Anden verbreitet. Vertreter der Unterfamilie Oreomunneoideae finden sich in Mittelamerika, Süd- und Südostasien und in China.

Herkunft

Fossilfunde legen nahe, dass die Hauptlinien der Ordnung Fagales (der die Juglandaceae angehören) ihren Ursprung in der späten Kreidezeit (vor 97 Millionen Jahren) haben. Fossilien von Walnussgewächsen tauchten etwa vor 66 Millionen Jahren im Paläozän auf.

Blüten

Jede Pflanze trägt männliche und weibliche Blüten. Die männlichen Kätzchen hängen am Austrieb des Vorjahrs, die kleinen weiblichen Blüten stehen am neuen Austrieb. Die Blüten sind klein und werden vom Wind bestäubt. In größeren Gruppen können sie hübsch aussehen, vor allem wenn sich die geflügelten Früchte entwickeln, wie bei den Flügelnüssen *(Pterocarya)*. Es ist manchmal schwierig, die äußeren Blütenteile zu untersuchen, weil sie oft winzig sind oder früh schrumpfen und abfallen.

Früchte

Die Unterfamilien Juglandoideae und Oreomunneoideae unterscheiden sich durch ihre Früchte. Erstere bilden Steinfrüchte, zweitere geflügelte Nüsse. Die Früchte von Flügelnüssen haben keine fleischige Umhüllung, sondern eine einzelne trockene Nussfrucht mit zwei Flügeln an den gegenüberliegenden Seiten. Die Art *Cyclocarya paliurus* besitzt nur einen Flügel, der die Nuss umgibt. Walnuss und Hickory bilden Früchte mit einer fleischigen äußeren Schicht und einem verholzten «Stein», der schwer zu knacken ist. Der Stein enthält den essbaren Samen: die Pekan-, Hickory- oder Walnuss. Steine der Gattung *Juglans* haben eine gefurchte Oberfläche, während *Carya* glatte Steine bildet.

Juglans regia,
Walnuss
Männliche Blüten in hängenden Kätzchen, die weiblichen Blüten reifen zu runden, grünen Früchten heran. Blätter pinnat und wechselständig.

Geraniaceae

Storchschnabelgewächse

Diese Familie umfasst krautige Stauden, kleine Sträucher und einige Einjährige von gärtnerischer Bedeutung, darunter die Gattungen Storchschnabel *(Geranium)*, Reiherschnabel *(Erodium)* und *Pelargonium*. In den Gattungen *Pelargonium* und *Monsonia* finden sich einige interessante Sukkulenten.

Größe der Familie

Die meisten der 650 Arten dieser Familie gehören den Gattungen *Geranium* oder *Pelargonium* an, die häufig verwechselt werden. Die ersten *Pelargonium*-Arten, die aus Afrika nach Europa kamen, wurden irrtümlich der in Europa heimischen Gattung *Geranium* zugeordnet. Als dieser Fehler korrigiert wurde, hatte sich der Name «Geranie» für beide bereits eingebürgert.

Geranium pratense, **Wiesen-Storchschnabel**

Verbreitung

Die Familie ist auf allen Kontinenten außer der Antarktis vertreten, besonders häufig aber in gemäßigten und subtropischen Zonen. In den Tropen findet man sie nur in Höhenlagen.

Geranium robertianum, **Stinkender Storchschnabel**

Herkunft

Ein etwa 28 Millionen Jahre altes Pollenfossil aus dem Oligozän konnte als Geraniaceae identifiziert werden. Wahrscheinlich entstand diese relativ junge Familie vor etwa 33 Millionen Jahren in der Übergangszeit zwischen Eozän und Oligozän.

Blüten

Beliebt sind Storchschnabelgewächse vor allem wegen ihrer rosa, rot, violett oder weiß gefärbten Blüten. Sie sind meist radiärsymmetrisch, nur in der Gattung *Pelargonium* leicht bilateral. Jede Blüte besteht aus fünf freien oder an der Basis ver-

VERWENDUNG IM GARTEN

Die krautigen Vertreter dieser Familie sind beliebte Beetstauden, die gern von Bienen besucht werden. Einige kleinere *Erodium*-Arten gedeihen in Trockenmauern, Mauerritzen und Pflasterfugen. In der Gattung *Pelargonium* finden sich viele wertvolle Gartenpflanzen, darunter zonale- und regale-Hybriden sowie hängende Formen für Ampeln. Im Gegensatz zu anderen Beetpflanzen vertragen sie Trockenheit und reduzieren so den Gießaufwand. Duftblatt-Pelargonien eignen sich ausgezeichnet für Kübel. Einige sollen schädliche Insekten vertreiben und können darum zwischen Gemüsepflanzen oder in Kübel neben der Küchentür gesetzt werden.

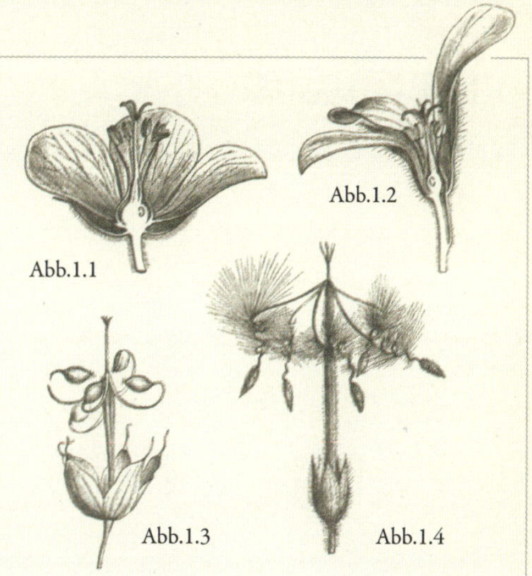

Abb.1.1. *Geranium*-Blüte im Querschnitt: radiärsymmetrisch mit gleich großen Kronblättern.

Abb.1.2. *Pelargonium*-Blüte im Querschnitt: Achsensymmetrisch mit etwas größeren Kronblättern auf einer Seite.

Abb.1.3. *Geranium*-Spaltfrüchte (Schizokarp) mit fünf Teilfrüchten, die nach dem Trocknen aufplatzen und die Samen von der Mutterpflanze wegschleudern.

Abb.1.4. *Pelargonium*-Spaltfrüchte platzen ebenfalls, die Früchte tragen aber haarige Schirmchen und werden vom Wind verbreitet.

wachsenen Kelchblättern und fünf freien Kronblättern. Bei vielen Arten zeigen die Kronblätter deutliche Streifen, die Bestäubern den Weg zeigen. Bei *Erodium* und *Pelargonium* sind die beiden oberen Kronblätter manchmal farbig gefleckt. Die meisten Gattungen besitzen fünf, zehn oder fünfzehn Staubblätter, *Pelargonium* jedoch nur zwei bis sieben.

Blätter

Die Blätter vieler *Pelargonium*-Arten duften wie Rosen, Minze, Zitrone oder Schokolade. Die Blätter des stinkenden Storchschnabels *(Geranium robertianum)* riechen eher unangenehm. Die gestielten Blätter mit Nebenblättern sind wechselständig angeordnet und oft behaart. Bei einigen Arten wie *Pelargonium zonale* und *Geranium phaeum* können sie dunklere Flecken zeigen. Die Blätter können einzeln oder geteilt (pinnat oder palmat) sein und glatte oder gesägte Ränder haben. Strauchige Arten zeigen am Spross deutliche Knoten, und viele sind zumindest teilweise sukkulent.

Pelargonium zonale,
Stehende Pelargonie

Myrtaceae

MYRTENGEWÄCHSE

Die Bäume und Sträucher dieser Familie sind meist immergrün. Viele haben eine dekorative, abschilfernde Rinde und exotisch anmutende Blüten mit zahlreichen Staubblättern. Besonders bekannt sind die Eukalyptus-Arten aus Australien *(Eucalyptus)*, Teebaum *(Melaleuca, Leptospermum)* und Zylinderputzer *(Callistemon)*.

Größe der Familie

Dieser Familie mit 5500 Arten gehören Bäume an, die Holz liefern *(Corymbia, Eucalyptus)*, aber auch Früchte wie Guaven *(Psidium, Acca)*, Gewürznelken *(Syzygium aromaticum)* und Piment *(Pimenta dioica)*. Aus einigen werden darüber hinaus ätherische Öle gewonnen (Teebaum, Eukalyptus).

Verbreitung

Die Familie ist überwiegend in den Tropen vertreten. Gartentaugliche Arten stammen aus dem kühleren Südamerika *(Luma, Myrceugenia, Ugni)* und dem Mittelmeerraum *(Myrtus)*. Die größte Vielfalt frostverträglicher und dekorativer Pflanzen findet man jedoch in Australien.

Herkunft

Fossile Fruchtkapseln von Myrtaceae aus dem mittleren Eozän (vor ca. 45 Millionen Jahren) lassen vermuten, dass die Familie bereits früher entstand (vor 90–70 Millionen Jahren).

Blüten

Die Blüten der Myrtaceae sind radiärsymmetrisch und können einzeln oder in Blütenständen stehen. Sie besitzen normalerweise vier oder fünf Kelchblätter, vier oder fünf Kronblätter und zahlreiche Staubblätter. Die Gattungen *Myrtus* und *Leptospermum* locken mit auffälligen Kronblättern Bestäuber an. *Callistemon* und *Melaleuca* haben kleine, grüne Kronblätter, aber attraktive Staubblätter. Bei *Eucalyptus* und einigen seiner Verwandten sind die Kronblätter (und manchmal die Kelchblätter) zu einer Kappe verwachsen, die abfällt und das Büschel der Staubblätter freigibt.

Melaleuca cajuputi, **Teebaum**

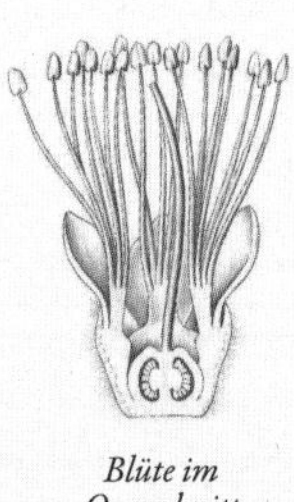

Blüte im Querschnitt

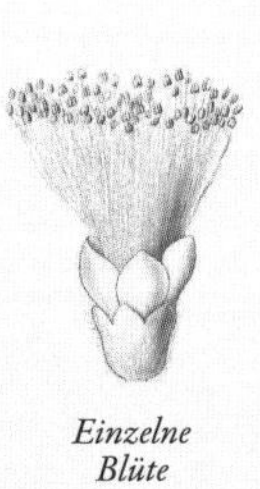

Einzelne Blüte

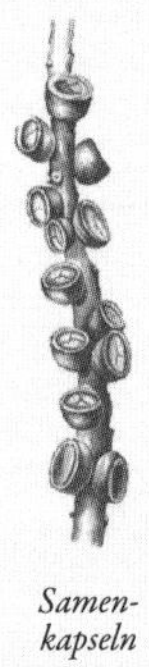

Samenkapseln

Samenkapsel im Querschnitt

Callistemon speciosus,
Zylinderputzer

Eucalyptus globulus,
Blauer Eukalyptus
In Eukalyptusblüten sind Kronblätter und/oder Kelchblätter zu einer Kappe verwachsen, die abfällt und die zahlreichen weißen Staubblätter freigibt.

Früchte

Die Früchte sind fleischige Beeren *(Psidium, Myrtus)* oder trockene Kapseln *(Eucalyptus, Callistemon),* von denen sich manche erst nach Einwirkung von Feuer öffnen.

Blätter

Ein offensichtliches Merkmal der Myrtaceae sind die oft duftenden, mit punktförmigen Drüsen besetzten Blätter. Daran und an der meist gegenständigen Anordnung sind sie leicht zu erkennen. Die Blätter sind ungeteilt, manchmal wechselständig oder wirtelig, und haben glatte Ränder. Blattstiele können lang oder kurz sein oder ganz fehlen. Bei der Gattung *Eucalyptus* sind die jungen Blätter rund und ungestielt, die älteren dagegen länglich und gestielt.

VERWENDUNG IM GARTEN

Eukalyptusbäume fallen in nördlichen Gärten ins Auge, weil ihr silbrig-grünes Laub einen Kontrast zu den Farben einheimischer Arten bildet. Die meisten Eukalyptusarten tragen weiße Blüten, bestechen aber mit ihrer eleganten Wuchsform, dem herabhängenden Laub und der interessanten Rinde. Bei der Sortenwahl ist aber Vorsicht geboten. *Eucalyptus* wächst schnell, der Riesen-Eukalyptus *(E. regnans)* ist der zweitgrößte Baum der Welt. Man kann die Bäume aber auf den Stock setzen oder entwipfeln, um sie klein zu halten. Dadurch wird die Bildung junger Blätter angeregt.

Andere Myrtengewächse von gärtnerischem Wert sind die Brasilianische Guave *(Acca sellowiana)* und der Zylinderputzer, beide mit auffälligen Staubblättern, sowie *Myrtus communis* als leicht duftende Heckenpflanze. *Luma apiculata* hat eine rote Rinde, die mit dem grünen Laub kontrastiert, und die Chilenische Guave *(Ugni molinae)* trägt essbare Früchte.

Acca sellowiana,
Brasilianische Guave

Onagraceae

NACHTKERZENGEWÄCHSE

Diese Familie wurde 1836 von John Lindley nach der Gattung *Onagara* (heute *Oenothera*) benannt. Seinen Namen trägt die größte Gartenbaubibliothek, die Lindley Library der Royal Horticultural Society. Der Familie gehören bekannte Gartenpflanzen wie Fuchsien, Nachtkerzen und Atlasblumen an.

Größe der Familie

Die Familie umfasst 22 Gattungen mit 656 Arten zumeist krautiger ein- und mehrjähriger Pflanzen. Zu den wenigen Ausnahmen gehören strauchige Fuchsien und einige Wasserpflanzen wie Schwimm-Heusenkraut *(Ludwigia natans)*.

Oenothera biennis,
Nachtkerze

Verbreitung

Die Onagraceae sind nahezu weltweit vertreten, die Vielfalt ist in Nordamerika am größten. Die meisten *Fuchsia*-Arten stammen aus tropischen und subtropischen Regionen Mittel- und Südamerikas, die kältetolerante Art *Fuchsia magellanica* ist bis zum Kap Horn vertreten und wird in einigen Teilen der Welt als Unkraut betrachtet.

Herkunft

Die ältesten Fossilien gehören der Gattung *Ludwigia* an, aber die Fuchsien scheinen die engste heute existierende Verbindung zu Vorfahren zu sein, die es schon vor 93 Millionen Jahren gab.

Blüten

Fast alle Arten tragen auffällige vier- oder fünfzählige Blüten, von den leuchtend gelben «Schalen» der Nachtkerzen *(Oenothera)* bis zu den zarten Spätsommerblüten der Prachtkerze *(Gaura)*. An Fuchsienblüten ist der unterständige Fruchtknoten gut zu erkennen. Nach der Bestäubung schwillt er zur Frucht an. Die Kronblätter und manchmal auch die Kelchblätter sind kräftig gefärbt, um Bestäuber anzulocken – häufig Vögel, aber auch Bienen und Nachtfalter. Fast alle Tiere, die Onagraceae bestäuben, besitzen eine spezialisierte

Anatomie, beispielsweise Kolibris, die vor den hängenden Fuchsienblüten «schweben», während sie mit ihrem langen Schnabel zum Nektar vordringen.

Früchte

Manchmal werden trockene Kapselfrüchte gebildet, bei der Gattung *Fuchsia* kleine Beeren. Sie enthalten zahlreiche winzige Samen, die entweder von Tieren (Beeren) oder vom Wind verbreitet werden. Die federleichten Samen des schmalblättrigen Weidenröschens *(Epilobium angustifolium)* haben einen langem Haarschopf und werden vom Wind über weite Strecken getragen, darum gilt die Pflanze in manchen Regionen als Unkraut.

Fuchsia magellanica,
Scharlach-Fuchsie

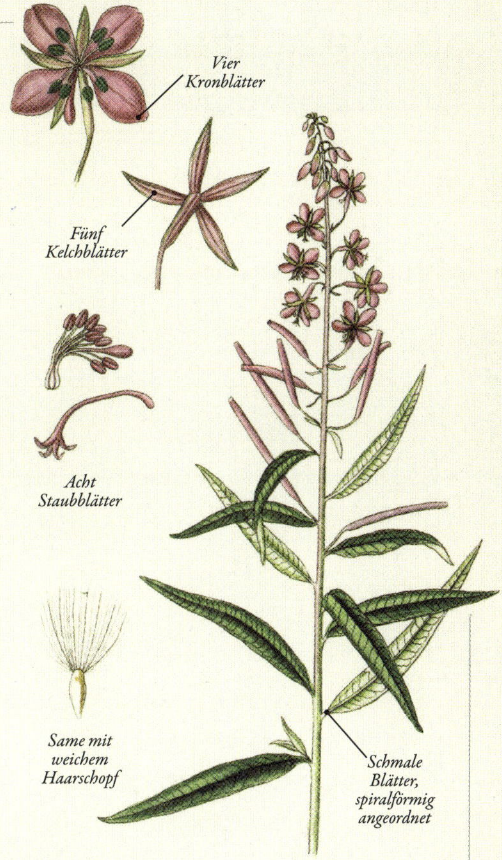

Epilobium angustifolium,
Schmalblättriges Weidenröschen
Aufrechte, krautige Staude mit rötlichem Spross. Der Blütenstand ist eine endständige, symmetrische Traube, deren Blüten sich allmählich von unten nach oben öffnen und dabei das funktionelle Geschlecht wechseln.

Blätter

Die Blätter sind fast ausnahmslos ungeteilt und oval bis lanzettlich geformt. Bei *Fuchsia* und *Epilobium* sind sie oft in gegenständigen Paaren angeordnet, bei anderen Gattungen auch wechselständig *(Chamaenerion)*. Nachtkerzen bilden oft grundständige Rosetten aus spiralförmig angeordneten Blättern.

Sapindaceae

Seifenbaumgewächse

Nach früherer Definition umfassten die Sapindaceae hauptsächlich tropische Pflanzen, die Früchte wie Litschi, Aki, Longan und Rambutan tragen. Heute werden ihr auch Ahorn *(Acer)* und Rosskastanien *(Aesculus)* zugeordnet. Die Bandbreite umfasst Bäume, Sträucher, Kletterpflanzen und krautige Stauden.

Größe der Familie

Nach heutiger Definition umfassen die Sapindaceae rund 1400 Arten, darunter viele Nutzpflanzen.

Verbreitung

Sapindaceae sind fast weltweit anzutreffen, ausgenommen die Polargebiete. Auch in trockenen Regionen findet man sie selten.

Herkunft

Fossile Blätter eines Verwandten der heutigen *Sapindus* konnten auf die Kreidezeit (vor 93 Millionen Jahren) datiert werden. Die derzeitigen Gattungen haben sich erst im Eozän entwickelt.

Blüten

Die Blüten der Sapindaceae sind variabel. Sie können auffällig *(Aesculus)* oder unscheinbar *(Acer)* sein. Die meisten Arten tragen getrennte männliche und weibliche Blüten, manchmal auf separaten Pflanzen, es kommen aber auch zweigeschlechtliche Blüten vor. Sie besitzen vier oder fünf Kelchblätter, vier oder fünf Kronblätter (manchmal fehlend) und vier bis zehn Staubblätter, oft mit behaarten Stielen. Die Kelchblätter können röhrig verwachsen (Rosskastanie) oder frei sein (Ahorn). Im Zentrum befindet sich eine Nektarscheibe, die oft mit den Staubblättern verwachsen ist.

Aesculus glabra,
Ohio-Rosskastanie

Einzelne Blüte

Koelreuteria paniculata,
Blasenesche

Früchte

In dieser Familie kommen verschiedene Fruchttypen vor. Am bekanntesten sind die Flügelnüsse des Ahorns, die stacheligen Früchte der Rosskastanie und die aufgeblähten, papierartigen Früchte der Blasenesche *(Koelreuteria).*

Blätter

Fast alle Sapindaceae besitzen zusammengesetzte Blätter mit Fiedern in pinnater *(Dipteronia, Sapindus)* oder palmater Anordnung *(Aesculus).* In seltenen Fällen sind die Blätter doppelt gefiedert, auf drei Fiedern reduziert, gelappt (Ahorn) oder ungeteilt *(Dodonaea).* Die Blattränder können glatt oder gesägt sein, die Blattstiele sind an der Basis oft leicht verdickt.

VERWENDUNG IM GARTEN

Unter den Sapindaceae finden sich viele zierliche Bäume, darunter Gelbhorn *(Xanthoceras sorbifolium),* Blasenesche *(Koelreuteria paniculata)* und verschiedene Ahorn-Arten wie der immergrüne Kreta-Ahorn *(Acer sempervirens)* und der sommergrüne Zimt-Ahorn *(A. griseum)* mit seiner abschilfernden Rinde. Alle bieten sich als Solitärbäume für den Stadtgarten an. Die zahlreichen Fächer-Ahorne *(Acer palmatum, A. japonicum, A. shirasawanum)* gedeihen sogar im Schatten größerer Bäume. *Acer davidii* und *A. pennsylvanicum* haben eine interessant gestreifte Rinde. Größere Ahorne und Rosskastanien eignen sich besser für große Gärten und Parks. Für Gärten in wärmerem Klima stehen weitaus mehr Sapindaceae zur Auswahl, beispielsweise Litschi *(Litchi sinensis), Harpullia pendula, Majidea zanguebarica* und *Ungnadia speciosa.*

Acer palmatum,
Fächer-Ahorn

Rutaceae

Rautengewächse

Es mag seltsam erscheinen, dass eine Familie, die vor allem für ihre essbaren Zitrusfrüchte bekannt ist, nach einem giftigen Mitglied benannt ist: der Weinraute *(Ruta graveolens)*. Diese zeichnet sich aber durch zahlreiche Merkmale aus, die für die ganze Familie typisch sind.

Citrus aurantium,
Pomeranze
Die Pomeranze oder Sevilla-Orange ist aus einer Kreuzung zwischen Mandarine und Grapefruit hervorgegangen. Die ätherischen Öle finden in der Parfümherstellung Verwendung, die Früchte selbst werden zu Marmelade verarbeitet.

Größe der Familie

Die Familie umfasst 150 Gattungen mit etwa 900 Arten von Bäumen, Sträuchern, Halbsträuchern und krautigen Stauden.

Verbreitung

Rutaceae sind weltweit in tropischen und gemäßigten Zonen vertreten. Auf der südlichen Halbkugel ist die Artenvielfalt am größten, die meisten bekannten Arten stammen jedoch aus Asien.

Herkunft

Die ersten Zitrusfrüchte haben sich vermutlich vor 15 Millionen Jahren entwickelt und waren kleine, essbare Beeren. Verwandte Arten wie Kumquat *(Fortunella)* und Bitterorange *(Poncirus)* haben etwa 8 Millionen Jahre später einen ähnlichen Entwicklungsweg eingeschlagen. Vom Paläozän an (vor ca. 66 Millionen Jahren) gibt es zahlreiche Fossilienfunde der Rutaceae, aber auch einige, die mehrere Millionen Jahre älter sind (Kreidezeit). Wahrscheinlich hat die frühe Entwicklung in Nordamerika stattgefunden.

Blüten

Typisch für die Rutaceae sind regelmäßige, radiärsymmetrische, von Insekten bestäubte Blüten mit vier oder fünf überlappenden Kronblättern in verschiedenen Farben. Pflanzen der Gattung *Angostura* bilden unregelmäßige Blüten.

Früchte

In der Familie kommen verschiedene Fruchttypen vor, etwa die Kapseln der Raute *(Ruta)* oder die Steinfrüchte der *Skimmia*. Zitrusfrüchte sind streng genommen Hesperidien – modifizierte Beeren mit ledrig-dicker Schale, die in Vertiefungen Drüsen mit ätherischen Ölen enthält. Das Innere ist durch Häute in Abschnitte (Schnitze) getrennt, die mit flüssigkeitsgefüllten Saftschläuchen und Samen gefüllt sind.

Ruta graveolens,
Weinraute
Die niedrige Staude bildet einen Busch aus blaugrünen Blättern, der bis zu einem Meter hoch wird. Im Frühsommer trägt sie gelbe Blüten. Das Laub kann bei Berührung Hautreizungen (durch Photosensibilisierung) verursachen.

Samenanlage

Samenanlage im Querschnitt

Unreife Samenkapsel

Einzelblüte mit Staubblättern

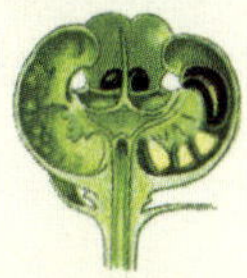

Unreife Samenkapsel im Querschnitt

Staubblatt und Same

Verwachsene Fruchtblätter mit gemeinsamem Stempel

Samen im Querschnitt

Blätter

Die Gattung *Ruta* ist ein guter Repräsentant der ganzen Familie. Sie besitzt stark duftende, zusammengesetzte pinnate oder trifoliate Blätter und Blütenstände mit radiärsymmetrischen Blüten. Die Baumarten *Citrus, Poncirus* und *Phellodendron* weichen insofern von diesem Muster ab, als einige ungeteilte Blätter besitzen. Die nach Zerreiben aromatisch duftenden Blätter sind ein hervorstechendes Merkmal der Rutaceae. Die kleinen Öldrüsen sind als schwarz-durchscheinende Punkte zu erkennen. Der Brennende Busch *(Dictamnus albus)* produziert ätherisches Öl in so großen Mengen, dass er an sehr heißen Tagen leicht in Flammen aufgehen kann.

VERWENDUNG IM GARTEN

Den Rutaceae gehören alle Zitrusfrüchte an: Orange, Mandarine, Satsuma, Grapefruit und andere. Alle bereichern subtropische und tropische Gärten. Einige Vertreter der Familie, darunter Orangenblume *(Choisya ternata)* und *Skimmia × confusa,* eignen sich auch für Gärten in gemäßigtem Klima.

Choisya ternata,
Orangenblume

Malvaceae

Malvengewächse

Am besten bekannt sind vermutlich Gartenstauden wie die Stockrose *(Alcea)* sowie strauchige Formen wie *Lavatera* und *Hibiscus.* Die Familie umfasst aber auch große tropische Bäume wie Kapok *(Ceiba)* und Baobab *(Adansonia)* sowie einige bedeutende Nahrungspflanzen (Kakao, Okra, Kola) und Faserlieferanten (Baumwolle, Jute).

Größe der Familie

Nach früherem Verständnis umfassten die Malvaceae etwa 1000 Arten. Aufgrund neuer DNA-Studien wurde sie aber mit den Bombacaceae, Sterculiaceae und Tiliaceae zusammengefasst und enthält nun rund 5000 Arten, darunter bekannte Bäume *(Tilia),* Sträucher *(Abutilon, Fremontodendron)* und Stauden *(Sidalcea, Althaea, Malva).*

Althaea officinalis,
Echter Eibisch

Adansonia digitata,
Baobab

Verbreitung

Die Malvaceae sind weltweit verbreitet, mit Ausnahme der Polarregionen. Am größten ist die Artenvielfalt in den Tropen. In gemäßigten Zonen kommen vorwiegend strauchig wachsende oder krautige Arten vor, außerdem Bäume der Gattung *Tilia* (Linde).

Herkunft

Fossilien aus der späten Kreidezeit (vor etwa 68 Millionen Jahren) konnten der früheren Familie Bombacaceae zugeordnet werden.

Blüten

Malvengewächse sind mit ihren großen, oft kräftig gefärbten Blüten eine Bereicherung für den Garten. Jede Blüte ist radiärsymmetrisch, besitzt fünf Kelchblätter und fünf Kronblätter (selten fehlend) sowie manchmal einen zusätzlichen Außenkelch. Neben den farbigen Kronblättern liegt der Reiz der Malvaceae in der ungewöhnlichen Anordnung der Staubblätter: Ihre Staubfäden sind oft zu einer Röhre verwachsen, die den vorspringenden Griffel mit der Narbe umschließt. Bei der Gattung *Tilia* sind die Staubfäden oft nur teilweise oder gar nicht verwachsen.

Lavatera phoenicea,
Strauchmalve

Hibiscus rosa-sinensis,
Chinesischer Roseneibisch

Tilia cordata,
Winter-Linde

VERWENDUNG IM GARTEN

Da viele Arten dieser großen Familie tropischer Herkunft sind, eignen sich nur relativ wenige für Gärten in gemäßigtem Klima. In einem großen Garten kann eine Linde eindrucksvoll aussehen. Besonders schön ist *Tilia henryana* mit den interessant gezähnten Blättern und den roten Jungtrieben. Exotisches Flair verbreitet der chinesische Sonnenschirmbaum *(Firmiana simplex)* oder in kleineren Gärten *Abutilon* x *suntense, A. megapotamicum* oder *Fremontodendron* als Wandstrauch. Der Echte Roseneibisch *(Hibiscus syriacus)* blüht auch in kühlem Klima zuverlässig, und der Sumpf-Roseneibisch *(H. moscheutos)* beeindruckt mit tellergroßen Blüten.

Hibiscus syriacus,
Echter Roseneibisch

Gossypium barbadense,
Pima-Baumwolle

Früchte

Die Malvaceae bilden verschiedene, aber zumeist trockene Früchte. Fleischige Früchte wie in der Gattung *Malvaviscus* kommen selten vor. Häufiger sind Kapselfrüchte, die aufplatzen und die Samen ausschütten, wie bei Baumwolle *(Gossypium)* und *Hibiscus*, oder Scheinfrüchte, die in Segmente mit je einem Samen zerfallen (*Abutilon* und *Malva*). Andere bilden Nussfrüchte *(Tilia)* mit einem Hochblatt, das als Flugorgan dient. Die Samen vieler Malvaceae tragen Härchen, die ihrer Ausbreitung dienen. Bei Baumwolle und Kapok sind diese auch von kommerzieller Bedeutung.

Ceiba pentandra,
Kapokbaum
Nachdem die große Fruchtkapsel geplatzt ist, verbreitet der Wind die Samen mit den seidigen Härchen.

Blätter

Ein augenfälliges Merkmal der Familie ist die Anordnung der Blattadern, die fast immer palmat (wie die Finger einer Hand) ist. Die Blätter können ungeteilt, gesägt, gelappt oder geteilt sein, aber sie sind immer palmat geädert. Bei gesägten Blättern mündet jede Blattader in einen Sägezahn. Die Blätter stehen wechselständig an der Sprossachse und besitzen oft Nebenblätter, die aber oft nur an jüngeren Trieben zu erkennen sind. Viele Malvengewächse haben behaarte Blätter und Stiele. Bei genauem Hinsehen erkennt man, dass die Härchen oft sternförmig angeordnet sind.

Theobroma cacao,
Kakao

Cola acuminata,
Kolabaum
Die bitter schmeckenden Samen werden in Teilen Westafrikas in Zeremonien verwendet. Sie sind reich an Koffein und anderen Stimulantien und waren eine Zutat der ursprünglichen Coca-Cola-Rezeptur.

Kulinarischer Wert

Einige der krautigen Angehörigen der Malvaceae werden als Eibisch bezeichnet. Der Echte Eibisch *(Althaea offcinalis)* ist auch von kulinarischer Bedeutung. Er ist in Europa und Nordafrika heimisch, aber auch im Nahen Osten, wo sein Saft ursprünglich zum Aromatisieren von Halva verwendet wurde. In Frankreich wurde die Süßigkeit weiterentwickelt, und ihr heutiger Name knüpft an den englischen Pflanzennamen Marsh mallow an. Eibisch enthält sie heute allerdings nur noch selten. Zu den Malvaceae gehören auch die Roselle *(Hibiscus sabdariffa)*, aus deren Blüten Hibiskustee zubereitet wird, sowie Kola *(Cola acuminata* und andere Arten), eine koffeinhaltige Zutat der ursprünglichen Coca-Cola-Rezeptur. Das berühmteste Mitglied der Familie ist aber der Kakao *(Theobroma cacao)*, ein tropischer Baum, dessen farbige Früchte die Samen (Kakaobohnen) enthalten.

Cistaceae

Zistrosengewächse

Die Zistrosen sind genau der richtige Namensgeber für diese Familie kleiner, hübsch blühender Sträucher, die offenes, felsiges Gelände bevorzugen. Gattungen wie *Cistus*, *Halimium* und *Helianthemum* werden wegen ihrer attraktiven, wenn auch kurzlebigen Blüte im Frühsommer als Gartensträucher geschätzt.

Größe der Familie

Dies ist eine relativ kleine Familie von Sträuchern und Kleinsträuchern mit drahtigen Stängeln und hübschen Blüten, die sich hauptsächlich für sonnige Standorte eignen. Sie umfasst neun Gattungen mit etwa 170 Arten. In die Gattungen *Tuberaria* und *Lechea* fallen keine Sträucher, sondern ein- und mehrjährige Pflanzen mit krautigem Wuchs.

Helianthemum Hybrid,
Für den Garten gibt es Sonnenröschen mit unterschiedlichen Blütenfarben.

Verbreitung

Abgesehen von den nordamerikanischen Gattungen *(Crocanthemum, Lechea, Hudsonia)* ist die Familie der Cistaceae im Mittelmeerraum und bis nach Nordeuropa und Asien zu finden. *Cistus, Helianthemum* und *Halimium* wachsen in mediterranen Strauchlandschaften, auf Grasland und offen-felsigem Gelände. Sie sind an den nährstoffarmen, trockenen, alkalischen Boden dieser Region angepasst, gedeihen aber selbst in kaltem Klima auch gut im Garten.

Halimium × halimifolium

Herkunft

Fossilfunde zeigen, dass die Ursprünge dieser Familie – wie die aller Rosiden – auf die späte Kreidezeit (vor ca. 70 Millionen Jahren) zurückgehen. Die Cistaceae selbst haben sich im Känozoikum (vor 66 Millionen Jahren bis heute) entwickelt. Einige Gattungen und Arten sind wahrscheinlich noch recht jung. So erklärt sich, dass spontane Kreuzungen innerhalb der Gattung (besonders *Cistus*) und zwischen den Gattungen (x *Halimiocistus*) häufiger vorkommen.

Helianthemum nummularium, **Gelbes Sonnenröschen**

Blüten

Die Hauptgattung der Cistaceae trägt große, auffällige, kurzlebige Blüten mit männlichen und weiblichen Blütenteilen. Sie sind regelmäßig und radiärsymmetrisch und stehen einzeln oder in Cymen.

Die Blüten haben entfernte Ähnlichkeit mit Mohnblüten. Sie besitzen fünf Kelchblätter und fünf Kronblätter (*Lechea* nur drei), die einander überlappen und in der Knospe oft knittrig sind, sowie zahlreiche Staubblätter. Die meisten Arten tragen gelbe Blüten, manchmal mit einer Zeichnung im Zentrum. *Cistus*-Blüten sind weiß oder rosa, die Blüten von *Helianthemum* sind weiß, gelb, rosa, rot oder orange.

Cistus × purpureus, **Immergrüne Zistrose**

Blätter

Die einfachen Blätter sind gegenständig angeordnet und recht klein. *Cistus ladanifer* besitzt intensiv duftendes Laub.

Samen

Pflanzen, die wie viele Cistaceae im heißen Mittelmeerklima wachsen, müssen recht widerstandsfähig sein. Zistrosen bilden große Mengen winziger Samen mit harter Schale, die ausgeschüttet werden, wenn die Kapselfrüchte in der Sonne trocknen. Die Samen können jahrelang im Boden ruhen. Erst durch ein Feuer bricht die Samenhülle auf, und die Samen keimen, sobald es regnet. Auf diese Weise erholt sich abgebranntes Gelände relativ schnell.

Brassicaceae

KREUZBLÜTLER

Obwohl die Bandbreite der Formen und Größen in dieser Familie groß ist, haben alle ein gemeinsames Erkennungsmerkmal: die kreuzförmigen Blüten mit vier Kelch- und vier Kronblättern, denen die Familie ihren Namen verdankt. Die Blätter duften häufig nach Senf oder Kohl.

Größe der Familie

Dies ist eine große Familie mit etwa 3400 Arten in 321 Gattungen. Größtenteils handelt es sich um ein- oder mehrjährige krautige Pflanzen verschiedener Größe. Außerdem gehören zu den Brassicaceae einige Halbsträucher *(Alyssum, Iberis)* und einige größere Sträucher wie *Heliophila glauca* aus Südafrika.

Brassica rapa,
Rübsen, Speiserübe

Verbreitung

Brassicaceae wachsen fast überall auf der Welt, die größte Anzahl von Gattungen gibt es aber im Mittelmeerraum sowie in Südwest- und Zentralasien. Es gibt nur wenige Vertreter auf der südlichen Halbkugel und nahezu keine in den Tropen. Eine isolierte Gattung ist *Pringlea* mit nur einer Art, die auf den Inseln des Kerguelen-Archipels im südlichen Indischen Ozean wächst.

Kulturformen der Brassicaceae werden weltweit als Gemüse angebaut. Bemerkenswert ist die Vielzahl regionaler Varianten. Rosenkohl gilt als nordeuropäisches Gemüse, Cavolo nero als italienisches und Pak choi als asiatisches.

Iberis umbellata,
Schleifenblume
Die Pflanze trägt kompakte, schirmförmige Blütenstände aus kleinen Blüten mit vier Kronblättern. Sie werden von Bienen und Schmetterlingen bestäubt.

Herkunft

Vor etwa 66 Millionen Jahren nach dem Massenaussterben am Ende der Kreidezeit begannen die Brassicaceae, einzelne Gattungen und Arten auszubilden. *Brassica oleracea*, der Urvater der Kohlgewächse, wurde schon vor 8000 Jahren in Küstenregionen Westeuropas kultiviert. Grünkohl, Blumenkohl, Rosenkohl und Kohlrabi sind Abkömmlinge dieser Art.

Blüten

Die Blüten stehen meist in Trauben oder Schirmrispen. Der Aufbau der Einzelblüten ist bei den Angehörigen der Familie recht konstant: vier Kelchblätter, vier freie, kreuzförmig angeordnete Kronblätter und sechs Staubblätter (vier lang und zwei kurz). Selbstverständlich gibt es einige Ausnahmen. Beim Schleifenkraut *(Iberis)* beispielsweise sind zwei Kronblätter länger als die anderen.

Capsella bursa-pastoris, **Hirtentäschelkraut**

Herzförmige Schötchen

Samen

VERWENDUNG IM GARTEN

Viele Angehörige der Brassicaceae kennt man aus dem Gemüsegarten, beispielsweise Grünkohl, Brokkoli und Steckrüben. Beliebte Zierpflanzen sind Mondviole *(Lunaria)*, Goldlack *(Erysimum)*, Levkoje *(Matthiola)* und Duftsteinrich *(Lobularia)*.

Lunaria annua, **Mondviole**

Reife Samen

Früchte

Die trockenen Früchte teilen sich an der Längsnaht in zwei Hälften. Ansonsten gibt es eine große Bandbreite an Fruchtformen, die Botanikern hilft, die einzelnen Arten der Familie zu unterscheiden. Ist die Frucht mindestens dreimal so lang wie breit, nennt man sie Schote. Ist sie kürzer, heißt sie Schötchen. Auch hier gibt es Formvarianten, etwa die flach-runden Schötchen der Mondviole *(Lunaria annua)*, die herzförmigen Früchte des Hirtentäschelkrauts *(Capsella bursa-pastoris)* und die länglichen Schoten des Schaumkrauts *(Cardamine)*.

Amaranthaceae

Fuchsschwanzgewächse

Dies ist eine Familie von nicht verholzenden, schnell wachsenden Pflanzen mit winzigen Blüten, die oft füllige und attraktive Blütenstände bilden wie beim Hahnenkamm *(Celosia argentea)* und Garten-Fuchsschwanz *(Amaranthus caudatus)*. Ein Merkmal der Familie sind rote und gelbe Pigmente (Betalaine). Sie geben roten Beten, den Blattadern von Mangold und den Blüten des Fuchsschwanzes ihre Farbe.

Größe der Familie

Seit nach Veränderungen der Systematik die Chenopodiaceae (Gänsefußgewächse) in diese Familie aufgenommen wurden, ist sie recht groß geworden. Sie umfasst 175 Gattungen mit etwa 2000 Arten, darunter Rote Bete, Zucker- und Futterrüben, Mangold, Quinoa und Spinat.

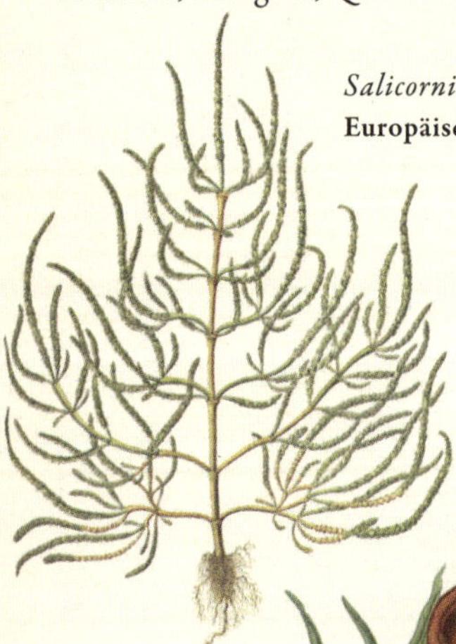

Salicornia europaea,
Europäischer Queller

Celosia argentea,
Silber-Brandschopf

Verbreitung

Amaranthaceae sind weltweit vertreten. Besonders groß ist die Artenvielfalt in den afrikanischen und amerikanischen Tropen. Die neu aufgenommenen Chenopodiaceae sind in warm-gemäßigten Regionen verbreitet, vorwiegend auf salzhaltigen Böden.

Herkunft

Es gibt nur wenige Fossilien der Ordnung Caryophyllales (zu der die Amaranthaceae gehören). Vermutlich entstand diese Ordnung zusammen mit den primitivsten Angiospermen vor etwa 100 Millionen Jahren in der Kreidezeit. Die Amaranthaceae bilden die größte Familie in dieser Ordnung und haben sich mit Sicherheit viel später entwickelt.

An einem gewissen Punkt der Entwicklung – vor 24–6 Millionen Jahren – fand eine Veränderung der Photosynthese statt, die heute bei etwa 800 Arten der Amaranthaceae festzustellen ist. Diese so genannten C_4-Pflanzen – sie kommen auch in anderen Familien vor – nutzen Wasser während der Photosynthese effizienter und können dadurch trockenere Lebensräume besiedeln.

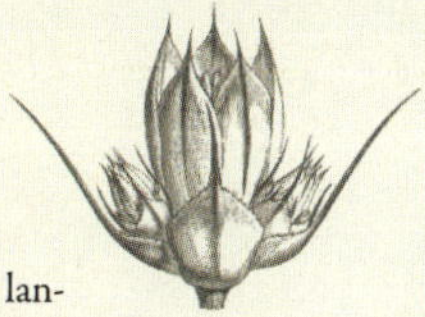

Blütenkopf

Amaranthus caudatus,
Garten-Fuchsschwanz
Der Name bezieht sich auf die bis 50 cm langen hängenden Blütenstände aus winzigen, blutroten Blüten ohne Kronblätter. Zuchtformen können andersfarbige Blüten haben.

Männliche Blüte

Weibliche Blüte

Frucht und Same

Blüten

Typisch für diese Familie sind unauffällige, ährenförmige Blütenstände mit kleinen oder winzigen, unscheinbaren zweigeschlechtlichen Blüten, die in der Masse durchaus Zierwert besitzen können. Das Perianth ist oft trocken, faserig und farblos. Manche Blüten tragen Brakteen, Stacheln, Flügel oder Härchen.

Blätter

Die meist ungeteilten Blätter sind wechselständig angeordnet, können sich in Form und Oberfläche aber stark unterscheiden. Einige Arten tragen gegenständige Blätter. Die Bandbreite der Größen reicht von den winzigen Schuppen des Quellers *(Salicornia europaea)* bis zu den großen essbaren Blättern des Amaranths *(Amaranthus viridis)*.

VERWENDUNG IM GARTEN

Bedeutende Vertreter der Amaranthaceae sind die Zuckerrübe *(Beta vulgaris)* und deren Verwandte wie Rote Bete, Futterrübe und Mangold. Quinoa und Amaranth waren im präkolumbianischen Südamerika wichtige Grundnahrungsmittel. Bekannte Zierpflanzen sind Hahnenkamm, Garten-Fuchsschwanz, *Alternanthera* und *Iresine*. Alle sehen attraktiv aus, sind aber frostempfindlich und können in kühl-gemäßigtem Klima nur einjährig kultiviert oder als Zimmerpflanzen gehalten werden.

Beta vulgaris,
Zuckerrübe

Sprosse

Normalerweise verholzen die Sprossachsen nicht, der Familie gehören aber auch einige kleine Sträucher an, darunter *Grayia spinosa* aus Nordamerika. Einige Arten bilden fleischige, manchmal sukkulente Sprosse, etwa in der Gattung *Salicornia*.

Cactaceae

Kakteengewächse

Die Arten dieser bekannten Familie besitzen fleischige Sprosse und oft Dornen. Wehrhafte Sukkulenten aus anderen Familien (z. B. Wolfsmilch) werden manchmal auch als Kakteen bezeichnet, die Ähnlichkeiten beruhen aber nur auf ihrer konvergenten Anpassung an ähnliche Lebensräume.

Größe der Familie

Kakteen sind bei Pflanzenfreunden ungemein beliebt und buchstäblich jede einzelne der 1210 Arten wird irgendwo auf der Welt kultiviert.

Hatiora salicornioides

Verbreitung

In natürlicher Umgebung kommen Kakteen fast ausschließlich in Amerika – von Kanada bis Patagonien – vor. Eine Binsenkaktus-Art *(Rhipsalis baccifera)* ist auch im tropischen Afrika, auf Madagaskar sowie in Sri Lanka zu finden. Feigenkakteen haben sich in Australien und andernorts zu Unkräutern entwickelt.

Parodia ottonis

Herkunft

Kakteen bilden wegen ihrer fleischigen Konsistenz nahezu nie Fossilien, allerdings wurde ein Fossil aus dem Eozän (vor 53–48 Millionen Jahren) gefunden, das man für eine *Opuntia* hält. Es scheint wahrscheinlich, dass sich die Kakteen in Südamerika entwickelten, nachdem es sich in der Kreidezeit von Afrika abgelöst hatte.

Blüten

Kaktusgewächse bilden normalerweise Einzelblüten, die sich aus den Areolen (siehe Blätter) entwickeln und mit Dornen oder Härchen besetzt sein können. Die Blüten sind radiärsymmetrisch (bilateral-symmetrisch beim Weihnachtskaktus) und tragen zahlreiche, meist ähnliche Kelchblätter und Kronblätter sowie viele Staubblätter. Die Blüten kommen in vielen leuchtenden Farben vor, nachtblühende Kakteen tragen aber meist weiße Blüten.

Opuntia cochenillifera
Dieser Feigenkaktus ist eine der wichtigsten Wirtspflanzen für weibliche Cochenille-Schildläuse, aus denen ein karminroter Farbstoff (für Lippenstifte und Getränke) gewonnen wird.

VERWENDUNG IM GARTEN

Die meisten Gärtner meinen, dass sich Kakteen für Gärten in gemäßigtem Klima nicht eignen. Es gibt aber einige Wüstenarten, die Kälte gut vertragen, sofern sie nicht mit viel Feuchtigkeit einhergeht. Die Gattungen *Opuntia* und *Cylindropuntia* sind erstaunlich kältetolerant und wachsen in sonnigen Beeten zu eindrucksvoller Größe heran. Die kleine Art *Maihuenia poeppigii* eignet sich für Steingärten oder Tröge. Hängt man Weihnachts- und Osterkakteen *(Schlumbergera, Hatiora)* über Sommer in Bäume im Garten und holt sie im Herbst wieder ins Haus, blühen sie besonders reich.

Pereskia bleo

Früchte

Meist werden fleischige Beeren mit zahlreichen kleinen schwarzen Samen gebildet, selten trockene Früchte. Manche Früchte tragen Borsten, Härchen oder Brakteen.

Blätter

Die meisten Kakteen besitzen keine Blätter, es gibt aber Ausnahmen. *Pereskia* ist eine Gattung holziger Sträucher mit einfachen, wechselständigen Blättern. Sie gelten als primitivste Kakteengattung. Einige Feigenkakteen bilden am Neuaustrieb kleine Blätter, die jedoch schnell welken. Die Photosynthese übernimmt der fleischige Spross, der zylindrisch, kugelförmig oder abgeflacht sein kann und oft Rillen hat, damit er bei Feuchtigkeit anschwellen kann. Auf der Oberfläche, oft entlang der Rillen, sitzen Härchen (Areolen). Diese bilden Dornen (modifizierte Blätter), Blüten oder Borsten. Kaktusdornen können dick, geriffelt, mit Widerhaken besetzt oder dünn sein. Manche Arten besitzen gar keine Dornen.

Cylindropuntia imbricata

Caryophyllaceae

NELKENGEWÄCHSE

Nelken sind wegen ihrer weißen, rosa oder roten Blüten mit gekräuselten oder tief gelappten Kronblättern weltweit beliebt. Einige Angehörige der Familie wachsen strauchig *(Acanthophyllum)*, einige wenige bilden fleischige Sprosse *(Honckenya)*, bekannt ist die Familie aber vor allem wegen ihrer krautigen Mitglieder.

Größe der Familie

Die Caryophyllaceae sind mit 85 Gattungen und 2630 Arten eine relativ große Familie. Sie umfasst hauptsächlich nicht-verholzende ein- oder mehrjährige Pflanzen von geringer Höhe, deren oberirdische Teile im Winter absterben. Die Familie wird in drei Unterfamilien gegliedert, die leicht voneinander zu unterscheiden sind. Der Unterfamilie Alsinoideae gehören Arten mit freien Kelchblättern an *(Arenaria, Stellaria, Cerastium, Sagina)*; die Unterfamilie Silenoideae umfasst Arten, deren Kelchblätter röhrig oder blasig verwachsen sind *(Silene, Dianthus, Gypsophila, Agrostemma, Lychnis)*. Weil sich die Mitglieder der zweiten bereitwillig kreuzen lassen, konnten Züchter Tausende von *Dianthus*-Sorten mit attraktiven Blüten hervorbringen. Der dritten Unterfamilie, den Paronychioideae, gehören keine Gattungen von gärtnerischem Wert an, sie umfasst aber bemerkenswerte Gattungen wie Sperk und Schuppenmiere *(Spergula, Spergularia)* oder *Polycarpon* und ist insgesamt variantenreicher als die beiden erstgenannten Unterfamilien.

Acanthophyllum spinosum

Honckenya peploides, **Salzmiere**

Agrostemma githago,
Kornrade

VERWENDUNG IM GARTEN

Das wirtschaftlich bedeutendste Mitglied der Caryophyllaceae ist die Nelke *(Dianthus caryophyllus),* die weltweit in großem Stil als Schnittblume und Gartenpflanze kultiviert wird. Jedes Jahr kommen Hunderte neuer Zuchtformen auf den Markt. Für den Garten werden auch andere *Dianthus*-Arten sowie Schleierkraut *(Gypsophila),* Kornrade *(Agrostemma githago),* Leimkraut *(Silene virginica)* und Filziges Hornkraut *(Cerastium tomentosum)* kultiviert.

Dianthus caryophyllus,
Garten-Nelke

Verbreitung

Mitglieder der Caryophyllaceae sind in allen gemäßigten Regionen der Welt und sogar auf Berggipfeln der Tropen zu finden. Einige krautige Arten wie Vogel-Sternmiere *(Stellaria media)* und Hornkraut *(Cerastium)* sind häufige Wildkräuter und gelten sogar als Gartenunkräuter. Die Kornrade *(Agrostemma githago)* war früher in Getreidefeldern häufig, ist aber infolge moderner Landwirtschaftsmethoden nahezu verschwunden.

Hauptverbreitungsgebiete sind der Mittelmeerraum und die angrenzenden Teile Europas und Asiens. Dort kommen alle größeren Gattungen vor, beispielsweise Leimkräuter *(Silene),* Nelken *(Dianthus)* und Sandkräuter *(Arenaria).* In Nordamerika gibt es rund 20 Gattungen, auf der südlichen Halbkugel nur wenige. Eine bemerkenswerte Art ist die antarktische Perlwurz *(Colobanthus quitensis),* eine von zwei Blütenpflanzen, die in der Antarktis heimisch sind. Die zweite ist die Antarktische Schmiele *(Deschampsia antarctica)* aus der Familie Poaceae (siehe S. 96–99).

Blüte

Blüte im Querschnitt

Gypsophila elegans,
Einjähriges Schleierkraut

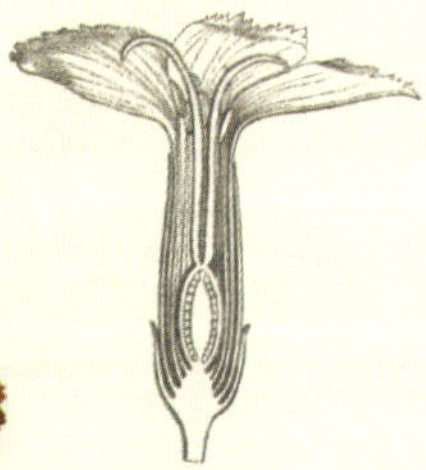

Blüte im Querschnitt

Dianthus caryophyllus,
Garten-Nelke

Herkunft

Über die Entwicklung der heute so erfolgreichen Nelkengewächse lässt sich aus Fossilfunden nur wenig Aufschluss gewinnen. Botaniker vermuten eine enge Verwandtschaft mit den Fuchsschwanzgewächsen (Amaranthaceae – siehe S. 162–163) und darum gemeinsame Vorfahren. Beide Familien haben sich vor etwa 50–40 Millionen Jahren während des Eozän getrennt weiterentwickelt.

Blüten

Die Blüten der Caryophyllaceae sind so unverwechselbar, dass man sie oft auch ohne Betrachtung weiterer Merkmale identifizieren kann. Die Blüten erscheinen einzeln oder in verzweigten Cymen, die aus relativ wenigen Einzelblüten *(Lychnis)* oder aus vielen *(Gypsophila)* bestehen können.

Die Blüten sind radiärsymmetrisch und besitzen vier oder fünf Kelchblätter und die gleiche Zahl von Kronblättern. Die Kelchblätter sind oft auffälliger

Fruchtblatt, Staubblätter und Kronblatt

Lychnis flos-cuculi,
Kuckucks-Lichtnelke

Lychnis chalcedonica,
Brennende Liebe
Die kreuzförmigen Blüten bestehen aus fünf gelappten Kronblättern, zehn Staubblättern und einem oberständigen Fruchtknoten. Ein Blütenstand kann bis zu 50 Blüten enthalten.

Normalerweise bilden zehn Staubblätter einen oder zwei Kreise, manchmal auch in gleicher oder geringerer Zahl wie bei *Stellaria media*. Nach der Bestäubung entwickeln sich Kapselfrüchte mit zahlreichen Samen, die durch eine Öffnung an der Spitze ausgeschüttet werden.

Blätter

Die Blätter sind immer ungeteilt und ganzrandig und stehen fast immer gegenständig am Spross. Die Sprossachsenknoten, an denen die Blätter sitzen, sind verdickt und werden oft von den unteren Teilen des jeweiligen Blattpaars umschlossen. Die winzigen Blätter des Hornkrauts *(Cerastium)* sind oft mit winzigen Härchen besetzt, die ihnen ein filziges Aussehen geben.

Stellaria media, **Vogel-Sternmiere** — *Silene vulgaris,* **Taubenkropf-Leimkraut**

und können ganz oder teilweise verwachsen sein. Manchmal bilden sie eine Röhre *(Dianthus)*, manchmal eine blasig aufgetriebene Hülle *(Silene vulgaris)*.

Die Blüten können weiß *(Gypsophila paniculata)*, rosa *(Dianthus caryophyllus)*, rot *(Lychnis chalcedonica)* und rötlich-violett *(Lychnis coronaria)* sein. Blaue Pigmente kommen in dieser Familie nicht vor, gelegentlich aber Gelbtöne wie bei *Dianthus knappii*. Die Farbenvielfalt machen sich Züchter bei der Produktion neuer Sorten für die Floristik zunutze.

Die Spitzen der Kronblätter sind oft gefranst, gekerbt, geschlitzt oder tief gelappt. Teilweise sind die Einschnitte so tief, dass die Anzahl der Kronblätter doppelt so groß erscheint, als sie tatsächlich ist *(Stellaria media)*. Dadurch können die Blüten sehr auffällig aussehen, etwa bei der Kuckucks-Lichtnelke *(Lychnis flos-cuculi)*. In wenigen Fällen sind keine Kronblätter vorhanden.

Droseraceae

SONNENTAUGEWÄCHSE

Viele Gärtner haben ihre Pflanzenleidenschaft entdeckt, nachdem sie in der Kindheit eine Venusfliegenfalle *(Dionaea muscipula)* geschenkt bekommen hatten. Allerdings interessieren sich nicht nur Kinder für diese makabre Familie von Fleischfressern, zu denen auch Sonnentau *(Drosera)* und Wasserfalle *(Aldrovanda)* gehören.

Größe der Familie

Fast alle 105 Arten dieser Familie gehören der Gattung Sonnentau an, deren klebrige Fangblätter sich zusammenrollen, wenn ein Insekt darauf gelandet ist. Die beiden Ausnahmen bilden die Venusfliegenfalle und die Wasserfalle. Beide besitzen spezielle Fangblätter, die zuschnappen, um die ahnungslose Beute zu fangen.

Drosera binata,
Gabelblättriger Sonnentau

VERWENDUNG IM GARTEN

Fleischfressende Pflanzen machen sich auf der Terrasse nützlich, weil sie Mücken und andere Insekten fangen. Meist werden Sonnentau und Venusfliegenfalle auf der Fensterbank gehalten, doch im Freien gedeihen sie besser, weil nur dort ihr hoher Lichtbedarf zuverlässig gedeckt wird. Am besten pflanzt man sie in einen Kübel ohne Dränageloch, der mit Torf und Sand (1:1) gefüllt ist. Keinesfalls düngen. Das Substrat muss stets feucht sein, darf aber nicht die Wachstumskrone erreichen. Im Schuppen oder in der Garage überwintern.

Verbreitung

Sonnentaugewächse sind auf allen Kontinenten außer der Antarktis vertreten. Am größten ist der Artenreichtum in Australasien. Sie wachsen vorwiegend in Sumpf- und Feuchtebieten, so auch *Dionaea*, die nur in North und South Carolina in den USA heimisch ist. Die Wasserfalle ist von Europa bis Australasien verbreitet.

Herkunft

Fossile Pollen aus dem Eozän (vor 48–34 Millionen Jahren) konnten den Droseraceae zugeordnet werden.

Drosera stenopetala

Dionaea muscipula,
Venusfliegenfalle

Aldrovanda vesiculosa,
Wasserfalle

Drosera rotundifolia,
Rundblättriger Sonnentau

Blüten

Die Blütenstände stehen an hohen Stielen über der Pflanze, damit bestäubende Insekten nicht in die Fallen gehen. Jede Blüte besitzt fünf Kelchblätter, die meist an der Basis verwachsen sind, und fünf freie Kronblätter in Rosa-, Rot- oder Weißtönen. Typisch sind fünf Staubblätter. *Drosera*-Arten können jedoch 20 oder mehr besitzen. Die Wasserfalle trägt Einzelblüten.

Blätter

Sonnentau-Blätter tragen klebrige Tentakeln und sind meist in grundständigen oder aufrechten Rosetten angeordnet. Sie können einfach oder geteilt sein. Junge Blätter entrollen sich wie Farnwedel. Die meisten Arten wachsen krautig, einige besitzen Knollen. Wenige wachsen zu aufrechten Sträuchern heran, darunter *Drosera magnifica,* die erst 2012 in Brasilien entdeckt wurde. Die Blätter der Venusfliegenfalle haben einen löffelförmig verbreiterten Stiel und eine zweiteilige gefranste Spreite, deren rote Innenseite mit Borsten besetzt ist, die den Fangmechanismus auslösen.

Räuberische Pflanzen

Bei Pflanzen hat sich der Tierfang wahrscheinlich entwickelt, um auf mageren Böden den Nährstoffbedarf zu decken. Benötigt werden vor allem Stickstoffverbindungen, welche die proteinreichen Tierkörper reichlich enthalten. Venusfliegenfallen locken ihre Beute mit klebrigem Sekret an, das aus der Distanz wie Nektar aussieht. Die Fallen schnappen zu, wenn ein Insekt die Auslöseborsten auf ihrer Innenseite zweimal berührt. In der geschlossenen Falle wird das Insekt durch Verdauungsenzyme zersetzt.

Polygonaceae

Knöterichgewächse

Diese Familie ist leicht zu erkennen, wenn man weiß, worauf zu achten ist. Typische Merkmale der Polygonaceae sind verdickte Nodien an den Sprossachsen, kleine Blüten in ährenförmigen Blütenständen und dreieckige Samen. Bekannte Angehörige sind Rhabarber, Sauerampfer und der Japan-Knöterich, eine in Europa und in den USA problematisch invasive Art.

Größe der Familie

Die Familie umfasst 46 Gattungen mit rund 1200 Arten. Meist sind es krautige Stauden, es gibt jedoch auch einige Bäume, Sträucher und Kletterpflanzen. Das Mammutblatt *(Gunnera manicata)* hat zwar rhabarberähnliche Blätter, gehört aber einer eigenen Familie an, den Gunneraceae. Lange Zeit war *Polygonum* die größte Gattung der Familie. Inzwischen wurden aber viele Arten in andere Gattungen eingeordnet, darunter Schling-Flügelknöterich *(Fallopia baldschuanica),* Knöterich *(Persicaria)* und Buchweizen *(Fagopyrum).*

Verbreitung

Die Polygonaceae sind hauptsächlich auf der nördlichen Halbkugel vertreten. Die Gattungen lassen sich grob in drei klimatische Gruppen unterteilen: Tropen und Subtropen, Wüsten und Halbwüsten, gemäßigtes Klima. Mexikanischer Korallenwein *(Antigonon leptopus)* und australischer Drahtstrauch *(Muehlenbeckia complexa)* sind bekannte Vertreter der ersten Gruppe, *Eriogonum fasciculatum* gehört der zweiten an. In gemäßigtem Klima wachsen Rhabarber *(Rheum),* Ampfer *(Rumex)* und Buchweizen *(Fagopyrum).*

Herkunft

Aufgrund fossiler Pollen wird angenommen, dass die Polygonaceae etwa 60 Millionen Jahre alt sind. Das ungewöhnliche Vorkommen der Gattung *Muehlenbeckia* auf der südlichen Halbkugel legt nahe, dass die Familie entstand, bevor der Superkontinent Gondwana zerfiel.

Blüten

Typisch für diese Familie sind ährenförmige Blüten aus zahlreichen kleinen grünlichen, weißen oder hellrosa Blüten. Die Einzelblüten sind radiärsymmetrisch und beinhalten meist männliche und weibliche Teile. Echte Kronblätter sind nicht vorhanden, jedoch drei bis sechs Kelchblätter, die bei einigen Arten relativ groß und farbintensiv sein können.

Fallopia baldschuanica, **Schling-Flügelknöterich**

Früchte

Nach der Bestäubung können sich die Kelchblätter vergrößern und eine faserige Fruchthülle bilden. Diese Hüllen bleiben oft bis zur Reife erhalten und sind manchmal auffälliger als die Blüten. Die dreieckigen, braunen oder schwarzen Nussfrüchte können an ihren Kanten Flügel tragen.

Blätter

Die wechselständigen Blätter sind ungeteilt und haben oft eine herzförmige Basis. Sie können groß, breit und stark geädert wie beim Rhabarber sein, aber auch lanzettlich oder oval wie bei *Rumex* und *Persicaria*. Typisch für die Familie ist eine faserige Blattscheide am Übergang zwischen Sprossachse und Blattstiel, die als Ocrea bezeichnet wird.

Männliche Blüte

Dreieckige Frucht

Rumex acetosa,
Sauer-Ampfer

Fallopia japonica,
Japan-Knöterich

Blüte

Blüte im Querschnitt

VERWENDUNG IM GARTEN

In dieser Familie finden sich einige beliebte Gartenpflanzen, darunter *Rheum palmatum*, der feuchten Boden braucht, die beliebte Beetstaude *Persicaria amplexicaulis* (Kerzen-Knöterich) oder der Schling-Flügelknöterich *(Fallopia baldschuanica)*, ein wüchsiger Kletterer. Zu den essbaren Vertretern zählen Sauerampfer *(Rumex acetosa)* und Rhabarber (*Rheum* x *hybridum*).

Rheum × hybridum,
Rhabarber

Cornaceae

Hartriegelgewächse

Zu dieser Familie gehören verschiedene Gattungen mit gärtnerischer Bedeutung, beispielsweise Hartriegel *(Cornus)*, Taschentuchbaum *(Davidia)* und Tupelo *(Nyssa)*. Manche Forscher ordnen die beiden letzteren in die separate Familie Nyssaceae ein.

Größe der Familie

Von den 80 Arten der Cornaceae gehört etwa die Hälfte der Gattung *Cornus* (Hartriegel) an. Deren Bandbreite reicht von großen Bäumen *(Cornus controversa)* bis zu Bodendeckern *(C. canadensis)*. *C. florida* und andere tragen dekorative Brakteen, andere – darunter *C. kousa* – werden wegen ihrer attraktiven Früchte geschätzt. Im Winter sorgen *C. sericea* und *C. sanguinea* mit farbigen Sprossachsen für Aufsehen.

Alangium chinense

Verbreitung

Cornaceae sind weit verbreitet. Auf jedem Kontinent außer der Antarktis findet man einige Arten.

Herkunft

Fossilfunde belegen, dass es Cornaceae schon in der Kreidezeit (vor 84–72 Millionen Jahren) gab. Die große Zahl der Funde lässt vermuten, dass diese Familie einmal weit verbreitet war.

Nyssa aquatica, **Wasser-Tupelobaum**

Blüten

Die Blüten können männlich, weiblich oder zweigeschlechtlich sein. Sie stehen in Blütenständen an den Triebspitzen. Bei *Davidia* und einigen *Cornus*-Arten finden sich unter den Blütenständen Hochblätter, die auch rosa oder rot sein können. Die Kelchblätter sind oft zahnförmig oder fehlen, die freien Kelchblätter sind klein. Die Cornaceae tragen normalerweise vier oder fünf Kronblätter, die Nyssaceae stets fünf.

Früchte

Die fleischigen, manchmal kräftig gefärbten Früchte tragen im Inneren einen hartschaligen Samen. Bei *Cornus kousa* und einigen anderen Arten wachsen mehrere Früchte zu einem seltsam geformten, warzigen Gebilde zusammen. Der Taschentuchbaum trägt harte, grüne Nussfrüchte, die sich in der Reife violett färben.

Blätter

Die Blätter können ungestielt, immergrün oder sommergrün, gegenständig oder (seltener) wechselständig sein. Einige Arten zeigen eine attraktive Herbstfärbung. Die Blätter sind meist ungeteilt und ganzrandig, bei der Gattung *Davidia* jedoch gesägt und bei einigen *Alangium*-Arten gelappt. Die Blätter lassen sich leicht identifizieren, indem man sie in zwei Hälften reißt: Beide bleiben an der Mittelrippe durch seidige Fäden verbunden.

VERWENDUNG IM GARTEN

Ein ausgewachsener Taschentuchbaum *(Davidia involucrata)* bietet mit seinen hängenden Blütenständen einen beeindruckenden Anblick, eignet sich aber nur für größere Gärten. Kleinere, immergrüne Arten wie *Cornus kousa* schmücken sich im Sommer mit zahlreichen Blüten, die mit dem dunkelgrünen Laub kontrastieren und sich später zu farbigen Früchten entwickeln. Die Blüten der Kornelkirsche *(C. mas)* erscheinen vor den sommergrünen Blättern, und ihre roten, kirschgroßen Früchte sind schmackhaft. Wenn selbst ein kleiner Baum zu groß ist, stehen verschiedene Hartriegel mit farbigen Sprossachsen zur Auswahl (rot, orange, gelb, giftgrün und schwarz), die einen schönen Hintergrund für frühe Zwiebelblüher abgeben.

Cornus canadensis,
Kanadischer Hartriegel
Der nur knöchelhohe Bodendecker gedeiht in feucht-kühlen Gehölzgärten. Er trägt Blüten mit weißen Hochblättern und rote Früchte.

Zusammengewachsene Früchte von *Cornus kousa*.

Cornus mas,
Kornelkirsche

Hydrangeaceae

HORTENSIENGEWÄCHSE

Die bekanntesten Vertreter mögen die Hortensien sein, doch diese Familie umfasst auch andere beliebte Sträucher *(Philadelphus, Deutzia)*, Kletterpflanzen *(Schizophragma, Pileostegia)* und Stauden *(Kirengeshoma, Deinanthe)*.

Größe der Familie

Diese kleine Familie mit rund 220 Arten wurde lange den Saxifragaceae zugeordnet. Durch DNA-Analysen konnte festgestellt werden, dass sie tatsächlich enger mit den Cornaceae verwandt ist.

Philadelphus 'Belle étoile', **Pfeifenstrauch**

Dichroa febrifuga

Verbreitung

Die Artenvielfalt ist in Asien sowie in Nord- und Mittelamerika am größten, doch eine Handvoll Vertreter der Hydrangeaceae findet man auch in Südamerika, Europa und auf den Pazifikinseln.

Herkunft

Fossile Blüten aus der späten Kreidezeit (vor etwa 90 Millionen Jahren) weisen starke Ähnlichkeit mit den Hydrangeaceae auf, es könnte sich aber auch um Vertreter der Saxifragaceae handeln. Heutige Gattungen waren schon im Oligozän (vor 34–23 Millionen Jahren) verbreitet.

Blüten

Meist stehen mehrere Blüten, die männliche und weibliche Teile enthalten, in Blütenständen zusammen. Jede Blüte hat vier oder fünf Kelchblätter, die meist verwachsen sind, und vier oder fünf ebenfalls verwachsene Kronblätter. Die Zahl der Staubblätter variiert von zwei bis zu vielen. Bei vielen Hortensien ist ein Teil der Blüten steril und trägt vergrößerte, oft farbige Kelchblätter. Bei Garten-Hortensien bestehen die Blütenstände fast vollständig aus sterilen Scheinblüten, bei Lacecap-Hortensien umrahmen die Scheinblüten das Zentrum aus fertilen Blüten.

Hydrangea macrophylla,
Garten-Hortensie

Ungewöhnlich ist, dass die Blütenfarbe der Garten-Hortensie *(Hydrangea macrophylla)* vom pH-Wert des Bodens abhängt. In saurem Boden sind Aluminium-Ionen löslich und bewirken nach der Aufnahme durch die Wurzeln eine Veränderung der Blütenfarbe von Rosa nach Blau. In alkalischem Boden sind die Ionen unlöslich, und die Pflanzen blühen rosa oder rot. Hortensien sind also lebende pH-Indikatoren. Zuchtformen verändern jedoch nicht immer die Farbe: Weiße Hortensien blühen beispielsweise immer weiß. Um blaue Blüten zu fördern, kann man alkalischen Boden mit Aluminiumsulfat anreichern. Wird saurer Boden gekalkt, entstehen rosa Blüten. Wenn der Boden jedoch stark sauer oder alkalisch ist, lässt er sich nur schwer verändern. Dann ist es sinnvoller, Hortensien in Kübeln mit geeignetem Substrat zu halten.

VERWENDUNG IM GARTEN

Hortensien sind beliebte Gartenpflanzen, doch auch andere Angehörige dieser Familie haben ihren Reiz. Die immergrüne *Carpenteria californica* trägt weiße Blüten mit zahlreichen goldgelben Staubblättern und gedeiht in geschützten Höfen oder Kiesgärten. Die wachsartigen Blüten von *Kirengeshoma* und *Deinanthe* leuchten im Gehölzgarten, und der immergrüne *Pileostegia viburnoides* bedeckt schnell eine schattige Mauer oder einen abgestorbenen Baum.

Kirengeshoma palmata,
Wachsglocke

Blätter

Die meisten Arten sind sommergrün und tragen gegenständige Blätter mit gesägten oder glatten Rändern. In der Gattung *Hydrangea* gibt es jedoch einige Ausnahmen wie *H. quercifolia* (gelappte Blätter) oder *H. integrifolia* und *H. seemannii* (immergrün). Weitere Immergrüne finden sich in den Gattungen *Carpenteria, Dichroa* und *Philadelphus.* Die Blätter der Gattung *Kirengeshoma* sind gelappt.

Ericaceae

Heidekrautgewächse

Diese Familie ist von großem gärtnerischen Wert, denn zu ihr gehören viele meist verholzende Pflanzen wie Heidekräuter *(Calluna, Erica, Daboecia),* Azaleen, Rhododendren, Scheinbeeren *(Gaultheria),* Schattenglöckchen und Berglorbeer *(Kalmia)* sowie Heidelbeeren und Preiselbeeren *(Vaccinium)* mit essbaren Früchten.

Größe der Familie

Mit über 3850 Arten sind die Ericaceae eine größere Familie. Sie umfasst zahlreiche Gattungen mit einer oder zwei Arten und drei Riesengattungen: *Rhododendron* (1000 Arten), *Erica* (850 Arten) und *Vaccinium* (500 Arten). Die Azaleen sind dabei nicht in die Gattung *Rhododendron* eingeschlossen.

Verbreitung

In der Antarktis und den meisten Flachland-Wäldern der Tropen gibt es keine Ericaceae. Verbreitet sind sie in tropischen Berglagen, in Südafrika und den kühleren Teilen Asiens und des östlichen Nordamerika.

Herkunft

Erste Belege für diese Familie gehen auf die späte Kreidezeit (vor etwa 90 Millionen Jahren) zurück. Fossilfunde lassen den Schluss zu, dass die Ericaceae in Europa einmal artenreicher waren und dass Gattungen, die es heute nur in Asien und/oder Amerika gibt, von dort stammen.

Blüten

Die Blütenvielfalt ist in dieser Familie groß, und von den hier beschriebenen Grundformen gibt es immer Abweichungen. Die leicht hängenden Blüten enthalten normalerweise männliche und weibliche Teile und stehen in Blütenständen zusammen. Bei *Rhododendron* schützen zahlreiche (oft klebrige) Brakteen die Knospen. Die Blüten haben vier oder

Blüte im Querschnitt

Rhododendron canescens

Calluna vulgaris, **Besenheide**
Das einzige Mitglied der Gattung *Calluna* ist in Europa heimisch und die prägende Art der Heidelandschaft. In Nordamerika gilt sie als Neophyt.

fünf freie oder an der Basis verwachsene Kelchblätter und vier oder fünf Kronblätter. Diese sind manchmal frei, meist aber zu einer Röhren-, Glocken- oder Urnenform verwachsen. Vier oder fünf Staubblätter bilden einen Kreis. Der Pollen wird durch Poren an ihren Spitzen ausgeschüttet.

Früchte

Typisch sind trockene Kapselfrüchte, allerdings kommen auch fleischige Früchte (Heidelbeeren) vor.

Blätter

Die Ericaceae tragen immergrüne, wechselständige, ungestielte Blätter. Viele Azaleen sind sommergrün, auch gegenständige und wirtelige Blattanordnungen kommen vor. Die Blattränder sind glatt, gesägt oder eingerollt. Manche Arten tragen dichte Härchen oder Schuppen auf den Blattunterseiten.

Vaccinium corymbosum,
Heidelbeere

VERWENDUNG IM GARTEN

Traditionell findet man diese Familie in Regionen mit nährstoffarmem, saurem Boden. Die Pflanzen überleben an solchen Standorten, indem ihre Wurzeln mit Bodenpilzen eine Symbiose eingehen (Mykorrhiza). Dabei ist das Feinwurzelsystem der Pflanzen mit dem Pilz in Kontakt. Die Pilze liefern der Pflanze Nährstoffe und Wasser und erhalten als Gegenleistung einen Teil der durch die Photosynthese erzeugten Zuckerstoffe.

Die meisten Ericaceae benötigen sauren Boden und gedeihen in Gärten mit alkalischem Boden schlecht. Man kann kleine Arten aber problemlos in Kübeln mit «Rhododendronsubstrat» (Achtung: Unbedingt torffreie Produkte verwenden!) pflanzen. Wenn Sie den pH-Wert Ihres Bodens nicht kennen, kaufen Sie ein Test-Set, oder beobachten Sie, welche Pflanzen in Nachbargärten gut gedeihen.

Rhododendron arboreum
Zur Gattung *Rhododendron,* der größten in der Familie, gehören große Bäume wie dieser, aber auch winzige alpine Arten. Die meisten sind jedoch Sträucher.

Primulaceae

Primelgewächse

Diese Familie umfasst hauptsächlich kleine bis mittelgroße krautige Stauden sowie einige Einjährige, beispielsweise den Acker-Gauchheil *(Anagallis arvensis)*. Die meisten Familienmitglieder bevorzugen feuchten, nassen oder sumpfigen Boden. Bunge *(Samolus)* und Wasserfeder *(Hottonia)* sind Wasserpflanzen. Arten aus der ehemaligen Familie Myrsinaceae bilden holzige Bäume und Sträucher.

Größe der Familie

Die ehemals kleine Familie mit 28 Gattungen ist durch die Eingliederung der früheren Familien Myrsinaceae und Teophrastaceae auf 60 Gattungen mit 2575 Arten angewachsen. Heute gehören zu den Primulaceae auch Spitzblumen *(Ardisia)*, Alpenveilchen *(Cyclamen)*, Felberich *(Lysimachia)* und *Myrsine*.

Cyclamen hederifolium, **Herbst-Alpenveilchen**

Verbreitung

Die Familie ist in den gemäßigten Regionen der nördlichen Halbkugel weit verbreitet. Angehörige aus Afrika, Südamerika, Neuseeland und den Tropen sind hauptsächlich Neuzugänge aus den ehemaligen Familien Myrsinaceae und Teophrastaceae. *Cyclamen* ist in Europa und Nordafrika bis nach Westasien heimisch. Fast die Hälfte aller *Primula*-Arten stammt aus dem Himalaya, Götterblumen *(Dodecatheon)* aus Nordamerika.

Primula auricula, **Aurikel**

Herkunft

Die Ordnung Ericales, der die Primulaceae angehören, können durch Fossilfunde auf die späte Kreidezeit (vor etwa 90–80 Millionen Jahren) datiert werden. Es gibt aber nur wenige Funde, die Aufschluss über den Ursprung dieser Familie geben.

Blüten

Die Blüten sind normalerweise fünfzählig mit fünf Kronblättern, fünf Kelchblättern und fünf Staubblättern. Eine Ausnahme bildet *Lysimachia* mit sechs Kelchblättern. Kelch- und Kronblätter sind zu zwei separaten Röhren verwachsen. Die Staubblätter sind mit der Krone verbunden und stehen jeweils den Kronblättern gegenüber. Die Gattungen *Samolus* und *Soldanella* besitzen außerdem fünf Staminodien (Staubblätter ohne Antheren), die mit den Kronblättern abwechseln.

Mit Ausnahme der mediterranen Gattung *Coris* sind die Blüten dieser Familie radiärsymmetrisch. Bei einigen Arten der Gattungen *Cyclamen* und *Dodecatheon* sind die Kronblätter zurückgeschlagen. Die Blüten können einzeln erscheinen oder in unterschiedlichen Blütenständen (Dolde, Rispe, Schirmrispe) an langen, blattlosen Stielen stehen.

In der Gattung *Primula* kommen zwei unterschiedliche Konstellationen von Griffel und Staubblättern vor. Bei einigen ist der Griffel länger als die Staubblätter, sodass es aussieht, als ob in der Kelchröhre eine Nadel steckt. Bei anderen sind die Staubblätter länger als der Griffel.

Anagallis arvensis,
Acker-Gauchheil

Blätter

Mit Ausnahme der Gattung *Hottonia*, die gefiederte Schwimmblätter besitzt, haben die Primulaceae einfache, ungeteilte Blätter. Bei vielen *Primula*-Arten bilden die Blätter eine grundständige Rosette. Blätter und Stängel sind oft mit drüsigen Härchen besetzt.

VERWENDUNG IM GARTEN

Unter den Primulaceae finden sich viele Zierpflanzen mit hübschen Blüten. Die Liste der Arten mit gärtnerischem Wert umfasst fast alle Primeln und Alpenveilchen, aber auch Götterblumen, Pfennigkraut *(Lysimachia nummularia)* und Alpenglöckchen *(Soldanella)*.

Dodecatheon meadia,
Götterblume

Theaceae

TEESTRAUCHGEWÄCHSE

Diese Familie ist am besten bekannt durch die Blätter der *Camellia sinensis,* aus denen Tee aufgebrüht wird. Zu den Theaceae gehören verschiedene Bäume und Sträucher mit gärtnerischem Wert, beispielsweise *Stewartia, Franklinia, Pyrenaria und Polyspora* sowie zahlreiche Kulturformen der Gattung *Camellia.*

Größe der Familie

Zu den Theaceae gehören heute rund 240 Arten, nachdem kürzlich etwa 330 Arten der neuen Familie Pentaphylacaceae zugeordnet wurden. Letztere unterscheidet sich durch fleischige Früchte und ausgeprägte Kron- und Kelchblätter.

Verbreitung

Die Familie kommt in den tropischen und gemäßigten Regionen Ost- und Südost-Asiens vor, außerdem in Nordamerika, der Karibik und Südamerika. In Europa, Afrika, Australien und der Antarktis ist sie nicht vertreten.

Herkunft

Die meisten Theaceae-Fossilien sind recht jung. Diejenigen aus der späten Kreidezeit (vor etwa 70 Millionen Jahren) müssen noch abschließend identifiziert werden, weil sie Ähnlichkeiten zur Gattung *Schima* und zur Familie Pentaphylacaceae aufweisen.

Blüten

Kamelien und ihre Verwandten tragen einzelne Blüten, die in den Blattachseln stehen. Jede besteht aus mehreren Hochblättern, fünf Kelchblättern und fünf Kronblättern, die ineinandergreifen und ähnlich aussehen können, sowie zahlreichen Staubblättern. Zuchtformen haben oft gefüllte Blüten mit zahlreichen Kronblättern und wenigen oder gar keinen Staubblättern. Die Blüten der Theaceae sind meist weiß, es gibt aber auch Arten mit Blüten in Rosa, Rot und selten Gelb *(Camellia petelotii).*

Stewartia ovata var. *grandiflora*

Camellia japonica,
Kamelie
Die Art ist in China, Korea und Japan heimisch. Sie ist die Elternpflanze vieler beliebter Gartensorten.

Camellia sinensis,
Teestrauch

Samenanlage im Querschnitt

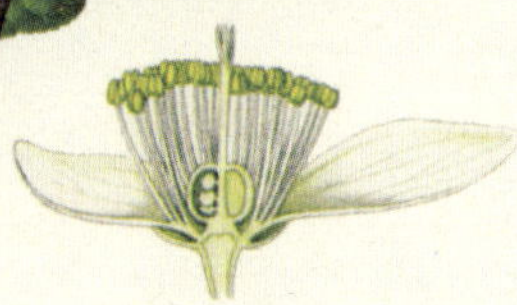

Blüte im Querschnitt

Frucht von oben

Frucht von unten

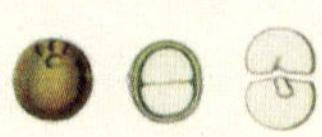

Same und Keimblätter

Früchte

Theaceae bilden trockene Kapselfrüchte (selten fleischige), in denen sich geflügelte oder flügellose Samen befinden. Gartenkamelien sind oft steril, bilden also keine Samen. Wer fertile Pflanzen besitzt, die meist ungefüllte Blüten mit zahlreichen Staubblättern haben, und viele fleißige Bienen, kann sich eventuell an den roten, apfelähnlichen Früchten freuen. Sie sollten an der Pflanze bleiben, bis sie sich von selbst öffnen. Dann kann man die Samen sammeln und Nachwuchs ziehen. Die Samen sind ölhaltig. Aus den Samen der *Camellia oleifera* wird Öl zum Kochen und für Kosmetika gewonnen.

Blätter

Die meisten Theaceae sind immergrün, nur *Franklinia* und ein Großteil der *Stewartia* werfen das Laub ab und zeigen oft eine gute Herbstfärbung. Die wechselständigen Blätter sind ungeteilt und gesägt und besitzen an der Spitze jedes Sägezahns eine Drüse. Einige *Stewartia*-Arten haben eine attraktiv gemusterte Rinde, die zur Geltung kommt, wenn die Pflanzen im Winter kahl sind.

VERWENDUNG IM GARTEN

Wie ihre Verwandten unter den Ericaceae bevorzugen auch Kamelien und Teesträucher sauren Boden mit einem hohen Anteil an organischer Substanz. Sie gedeihen gut in Gehölzbeeten, kleinere Arten können auch in Kübel gepflanzt werden. Sehr attraktiv ist eine Kamelienhecke. Sie wächst langsam, bildet aber mit der Zeit einen immergrünen Sichtschutz, der schöne Blüten trägt. ***Camellia sasanqua,*** **die im Herbst blüht, kann an einer tristen Nord- oder Ostmauer gezogen werden.** ***Franklinia*** **bildet mit ihren großen weißen Blüten und der ausgezeichneten Herbstfärbung einen schönen Blickfang im Beet.**

Camellia sasanqua,
Herbst-Kamelie

Convolvulaceae

Windengewächse

Unter den Angehörigen der Convolvulaceae finden sich vorwiegend kletternde Pflanzen, aber auch einige krautige und verholzende. Die meisten Gärtner kennen die Prunkwinde *(Ipomoea tricolor)* oder haben mit der Zaunwinde zu kämpfen – sind also mit dieser Familie gut vertraut.

Größe der Familie

Die Familie umfasst 52 Gattungen mit 1650 Arten. Die größten Gattungen sind *Ipomoea* (Prunkwinden) mit über 500 Arten und *Convolvulus* (Winden) mit etwa 230 Arten. Ungewöhnlich ist die Gattung Nessel-Seide *(Cuscuta)* mit etwa 150 Arten parasitischer Pflanzen. Der Familie gehören auch einige Sträucher und Bäume an. *Evolvulus* ist beispielsweise eine Gattung mit rund 100 Arten von Ein- und Mehrjährigen sowie Sträuchern mit nicht-windenden Sprossen.

Verbreitung

Die Familie ist in allen Teilen der Welt vertreten, in gemäßigten Zonen wie auch den Tropen. Man findet sie in dicht bewachsenen Regionen ebenso wie in Halbwüsten. *Ipomoea pescaprae* wächst sogar auf Sanddünen, *Ipomoea sagittata* an den Rändern von Salzmarschen und Wasserspinat *(I. aquatica)* in Süßwasser.

Herkunft

Von den Convolvulaceae gibt es nur vereinzelte Fossilfunde, darum ist ihr Ursprung schwer nachzuvollziehen. Sie gehört zur Ordnung Solanales, die sich Vermutungen von Botanikern zufolge im Känozoikum (vor 66 Millionen Jahren) entwickelte.

Ipomoea tricolor,
Himmelblaue Prunkwinde
Die Pflanze mit den trompetenförmigen Blüten klettert mit windenden Sprossen an Stützen und anderen Pflanzen in die Höhe. Die Blätter sind spiralförmig angeordnet.

Calystegia sepium,
Zaunwinde

Blüten

Die attraktiven Blüten dieser Familie sind radiärsymmetrisch mit fünf röhrig oder trichterförmig verwachsenen Kronblättern. Die leicht gedrehte Krone ist normalerweise blau, rosa oder weiß, manchmal auch gelb, cremeweiß oder scharlachrot und zeigt oft eine von der Mitte ausgehende sternförmige Zeichnung. Die Blüten besitzen normalerweise fünf Staubblätter und einen einzelnen Griffel mit oberständigem Fruchtknoten. Die Kelchblätter sind im Gegensatz zu den Kronblättern meist nicht verwachsen. Gelegentlich ist die Knospe von Brakteen umgeben, die während und nach der Blüte an der Basis des Kelchs stehen bleiben, wie bei der Zaunwinde *(Calystegia sepium)*. Die Blüten selbst stehen einzeln oder in Cymen.

VERWENDUNG IM GARTEN

Den Gattungen *Ipomoea* und *Convolvulus* gehören zahlreiche Pflanzen mit Schmuckwert an, vor allem *Ipomoea tricolor* und ihre Kulturformen. *Ipomoea batatas* (Süßkartoffel) wird in Ländern mit wärmerem Klima kommerziell als Nahrungsmittel angebaut. *Cuscuta* ist jedoch eine Gattung hartnäckiger Unkräuter. Auch einige Vertreter der anderen Gattungen gelten als Unkraut.

Blätter

Der Name der Familie leitet sich von dem lateinischen Wort *convolvere* ab, das «winden» oder «umschlingen» bedeutet. Er bezieht sich auf die langen, windenden Sprosse, die – wenn sie verletzt werden – manchmal einen milchigen Saft absondern. Die ungeteilten Blätter sind wechselständig angeordnet. Die parasitische Gattung *Cuscuta* hat gelbe, orangefarbene oder rote Sprossachsen und Blüten mit winzigen Schuppen anstelle von Blättern.

Evolvulus arbuscula

Solanaceae

NACHTSCHATTENGEWÄCHSE

Wegen der charakteristischen Blüten gehören die Solanaceae zu den bekanntesten Pflanzenfamilien schlechthin, zumal der Familie viele Nutzpflanzen angehören. Die meisten Mitglieder der Familie sind krautig, es gibt aber auch einige strauchig wachsende Arten.

Größe der Familie

Mit 91 Gattungen und 2450 Arten ist dies eine relativ große Familie. Die acht größten Gattungen sind *Solanum, Lycianthes, Cestrum, Nolana, Physalis, Lycium, Nicotiana* und *Brunfelsia*. Gemeinsam enthalten sie fast zwei Drittel aller Arten. Allein ein Drittel der Arten gehört der Gattung *Solanum* an.

Solanum tuberosum,
Kartoffel

Verbreitung

Solanaceae sind weltweit in verschiedenen Lebensräumen in gemäßigtem und tropischem Klima zu finden. Die Tomate *(Solanum lycopersicum)* beispielsweise stammt ursprünglich aus dem südamerikanischen Regenwald.

Herkunft

Wie von anderen Familien in der Ordnung Solanales existieren auch von den Solanaceae nur wenige Fossilien. Eine Konzentration von Fundstätten in Südamerika legt aber nahe, dass die Familie auf diesem Kontinent entstand. Ein kürzlich in Argentinien entdecktes Fossil des Tomatillo lässt vermuten, dass es die Familie bereits in der Kreidezeit (vor ca. 100 Millionen Jahren) gab.

Blüten

Die Blüten mit ihren fünf zusammengewachsenen Kronblättern und den fünf auffälligen, im Blütenzentrum zusammenstehenden Staubblättern ist so typisch, dass kaum Verwechslungsgefahr mit anderen Familien besteht. Lediglich *Petunia* wird mit ihren trichterförmigen Blüten manchmal für eine Verwandte der Winden (Convolvulaceae – siehe S. 184–185) gehalten. Die asymmetrischen Blüten der Spaltblume *(Schizanthus)* sind nicht familientypisch.

Durch die verwachsenen Kronblätter ergeben sich verschiedene Blütenformen: rund und flach *(Solanum)*, glockenförmig *(Nicandra)* oder röhrenförmig *(Nicotiana)*. Ein weiteres Beispiel sind die großen Engelstrompeten (Gattung *Brugmansia*) mit fünf oft teilweise verwachsenen Kelchblättern und oberständigem Fruchtknoten.

Früchte

Meist werden Beerenfrüchte gebildet, zu denen auch Tomaten und Paprika *(Capsicum)* gehören. Auch Kapselfrüchte kommen vor (*Petunia* und *Salpiglossis*). Blasenkirschen *(Physalis)* sind von einer papierartigen Hülle umgeben. Die Beerenfrüchte von Kartoffeln haben Ähnlichkeit mit unreifen Tomaten, sind aber giftig.

Blätter

Die Blätter sind in dieser Familie meist wechselständig angeordnet, variieren aber erheblich in Form und Größe. Tomaten und Kartoffeln beispielsweise besitzen pinnate Blätter, während die von Aubergine *(Solanum melongena)* und Chili ungeteilt sind.

VERWENDUNG IM GARTEN

Die Solanaceae haben für die Menschheit besondere Bedeutung, denn ihnen gehören viele beliebte Gemüsearten an: Kartoffeln, Tomaten, Auberginen, Gemüsepaprika und scharfe Chilis. Die Gattung *Nicotiana* liefert Tabak. Außerdem enthält die Familie zahlreiche Zierpflanzen wie *Petunia*, *Schizanthus*, *Salpiglossis*, *Solanum crispum* und Engelstrompete *(Brugmansia)*.

Datura metel,
Indischer Stechapfel

Solanum melongena,
Aubergine

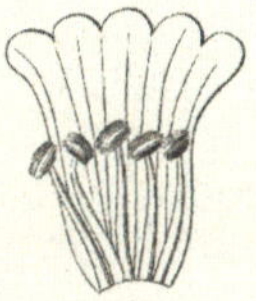

Blütendetail mit Kronblatt und Staubblättern

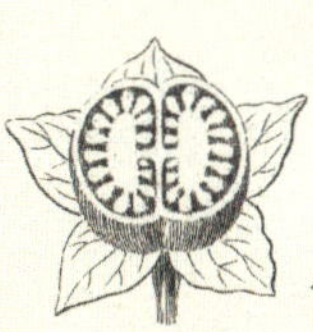

Beere im Querschnitt

Atropa belladonna,
Tollkirsche

Giftig

Viele Nachtschattengewächse bilden giftige Alkaloide. Zu den bekanntesten Arten zählen Tollkirsche *(Atropa belladonna)*, Alraune *(Mandragora officinarum)*, Stechapfel *(Datura stramonium)* und Bilsenkraut *(Hyoscyamus niger)*.

Apocynaceae

HUNDSGIFTGEWÄCHSE

Die meisten Angehörigen dieser Familie stammen aus den Tropen. Sie umfasst Bäume, Sträucher, krautige Pflanzen und zahlreiche Kletterpflanzen sowie viele attraktive Gartenpflanzen wie Hundsgift *(Asclepias)*, Immergrün *(Vinca, Catharanthus)* und Sternjasmin *(Trachelospermum)*. Alle sondern, wenn sie verletzt werden, milchigen Saft ab.

Größe der Familie

Mit 4700 Arten trägt diese große Familie entscheidend zum Erscheinungsbild tropischer Landschaften bei. Einige Arten sind von kommerzieller Bedeutung.

Asclepias curassavica,
Curaçao-Seidenpflanze
Dieses Hundsgiftgewächs trägt Blüten mit orangefarbenen Kronblättern und vorragender gelber Krone. Nach der Bestäubung bilden sich längliche Kapselfrüchte, meist paarweise, die zahlreiche Samen mit «Fallschirmen» aus seidigen Härchen enthalten.

Verbreitung

Die Familie ist in allen tropischen Regionen zu finden. Sukkulenten haben sich an trockene Lebensräume angepasst. Apocynaceae kommen auch in gemäßigtem Klima vor, doch mit zunehmender Entfernung vom Äquator nimmt die Artenvielfalt ab.

Herkunft

Neuere Studien schätzen das Alter dieser Familie auf 60 Millionen Jahre. Die Entwicklung der Gattung Hundsgift, die früher die eigenständige Familie Asclepiadaceae bildete, hat vor etwa 40 Millionen Jahren begonnen.

VERWENDUNG IM GARTEN

Zimmerpflanzenfreunde sind mit dieser Familie durch duftende Wachsblumen und Kranzschlingen *(Hoya carnosa, Stephanotis floribunda)* und Leuchterblumen *(Ceropegia woodii)* vertraut, während manche Liebhaber von Sukkulenten die zahlreichen *Stapelia-* und *Pachypodium-*Arten sammeln. Beliebte Kletterpflanzen für den Garten sind Sternjasmin *(Trachelospermum jasminoides)* und *Dregea sinensis*; beide mit duftenden Blüten. Immergrün *(Vinca)* ist ein schöner Bodendecker, der Röhrenstern *(Amsonia)* ist eine Staude mit hübschen Frühlingsblüten und einer schönen Herbstfärbung.

Trachelospermum jasminoides,
Sternjasmin
Der immergrüne Sternjasmin ist ein bewährter Kletterer für den Garten. Am besten pflanzt man ihn in Terrassennähe, um den süßen Duft der Blüten genießen zu können.

Blüten

In dieser Familie finden sich verschiedenste Bestäubungsformen, und wie bei den Orchideen sind auch hier die Blüten oft dem jeweiligen Bestäuber angepasst. In der Grundform besitzt die Blüte fünf Kelchblätter, fünf Kronblätter und fünf Staubblätter. Die Kelchblätter sind teilweise verwachsen und deutlich gelappt. Die Kronblätter ähneln oft einem wirbelnden Propeller, können aber auch stern- oder glockenförmig sein. Die Staubblätter sind teilweise mit der Narbe verwachsen, die Staubbeutel sind frei oder zu einem Ring verwachsen, der die Narbe umgibt. Der Pollen ist klebrig und ballt sich oft zusammen. Bei einigen Arten bildet ein Auswuchs der Staubblätter eine farbige, fünflappige Krone. Die Blüten mancher Arten duften süß *(Hoya, Trachelospermum),* andere riechen faulig *(Stapelia).*

Blätter

Die ungeteilten, glattrandigen Blätter sind gegenständig oder in Wirteln angeordnet (selten wechselständig). Sie können sommer- oder immergrün sein. Blattstiele sind vorhanden, Nebenblätter sind reduziert oder fehlen. Viele Sukkulenten besitzen gar keine Blätter.

Bestäubung

Die Pflanzen müssen miteinander um eine begrenzte Anzahl von Bestäubern konkurrieren. Einige Arten locken darum mit Blüten, die wie verrottende Gerippe aussehen und riechen, Schmeißfliegen an *(Stapelia).* Leuchterblumen *(Ceropegia)* fangen Fliegen in ihren röhrenförmigen Blüten und lassen sie erst frei, nachdem sie Pollen aufgenommen haben.

Stapelia grandiflora,
Aasblume

Ceropegia elegans

Gentianaceae

ENZIANGEWÄCHSE

Der bekannteste Vertreter dieser Familie, die hauptsächlich aus krautigen ein- und mehrjährigen Pflanzen besteht, ist ihr Namensgeber mit den blauen Blüten. Sie umfasst auch einige ungewöhnliche Pflanzen wie einen sukkulenten Enzian *(Gentiana urnula)* und die Gattung *Voyria*, die ihr geisterhaftes Aussehen dem Fehlen von Chlorophyll verdankt.

Größe der Familie

Die Familie umfasst 85 Gattungen mit 1600 Arten, von denen etwa 400 der Gattung *Gentiana* (echter Enzian) angehören. Weitere große Gattungen sind *Gentianella*, *Sebaea* und *Swertia* mit je etwa 100 Arten.

Gentiana verna,
Frühlings-Enzian

Verbreitung

Angehörige der Gentianaceae sind weltweit vertreten. Bei vielen handelt es sich um subarktische und alpine Pflanzen, einige wachsen auch in Feuchtgebieten und Salzmarschen. Manche, darunter *Voyria* (aus den Tropen Amerikas und Westafrikas) leben auf verrottenden Pflanzen und beziehen ihre Nährstoffe durch saprobiontisch lebende Pilze.

Die meisten tropischen Gentianaceae sind Bäume oder kleine Sträucher, so auch die Gattung *Anthocleista* aus Afrika und Madagaskar. Echter Enzian findet sich vorwiegend in den gemäßigten Zonen Asiens, Europas und Amerikas. Nur 13 Gattungen sind in Nordamerika heimisch.

Herkunft

Forscher vermuten, dass die frühe Entwicklung dieser Familie im Eozän (vor 50–30 Millionen Jahren) in den amerikanischen Tropen stattfand. Neue Überlegungen besagen, dass die Familie möglicherweise deutlich älter ist und vor 100 Millionen Jahren entstand.

Gentiana acaulis,
Stängelloser Enzian
Die trompetenförmigen, azurblauen Blüten dieser Art besitzen nur sehr kurze Stiele. Die Blätter bilden eine Grundrosette oder stehen in gegenständigen Paaren an kurzen Sprossachsen.

Blüten

Die trompeten- oder glockenförmigen Blüten der Gentianaceae sind recht markant, wenn auch nicht immer auffällig wie in der Gattung *Gentiana*. Sie können intensiv blau, weiß, cremeweiß, gelb und sogar rot gefärbt sein. Die Blüten sind vier- oder fünfzählig, wobei Kelch- und Kronblätter zu einer vier- oder fünflappigen Röhre verwachsen sind. Die Staubblätter sind mit der Krone verwachsen und stehen in deren Lücken. Die Blüten der Gattung *Gentiana* zeigen Falten (Plicae) zwischen den Lappen.

VERWENDUNG IM GARTEN

Für den Garten ist die Gattung *Gentiana* wegen der farbintensiven Blüten wertvoll. *Gentiana verna, G. sino-ornata* und andere empfehlen sich für den Steingarten, wenn ihnen der Bodentyp und die Feuchtigkeit zusagen.

Zu den unkompliziertesten Gartenarten zählt der Frühlings-Enzian *(G. verna),* etwa für einen alkalischen Steingarten oder ein Alpinum im Trog, in dem sich die Bedingungen gut kontrollieren lassen. Schön sind auch *G. acaulis* (Stängelloser Enzian), der im Spätfrühling blüht, oder die sommerblühende *G. septemfida.*

Generell empfiehlt es sich, Enzian in einer spezialisierten Gärtnerei zu kaufen, die auch Beratung zu Standort und Pflege anbietet.

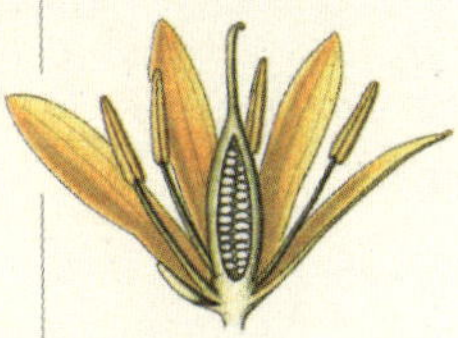

Blüte im Querschnitt

Reife Kapselfrucht und Samen

Gentiana lutea,
Gelber Enzian

Blüte im Querschnitt

Gentiana pneumonanthe,
Lungen-Enzian

Blätter

Die Blätter sind meist gegenständig angeordnet, nur bei einigen *Frasera*-Arten stehen sie in Dreier- oder Vierer-Wirteln, bei *Swertia* sind sie wechselständig. Bei vielen alpinen und subarktischen *Gentiana*-Arten bilden die Blätter Basalrosetten. Die Blätter selbst sind ungeteilt.

Swertia perennis,
Sumpfstern

Lamiaceae

Lippenblütler

Am besten ist diese Familie wohl für ihre aromatischen Kräuter bekannt. Nachdem sie kürzlich erweitert wurde, umfasst sie nun auch den Teakbaum *(Tectona),* Sträucher wie Schönfrucht *(Callicarpa)* und einige Kletterpflanzen *(Clerodendrum).*

Größe der Familie

Im Kräutergarten hat diese Familie mit strauchigen Pflanzen wie Rosmarin *(Rosmarinus)*, Lavendel *(Lavandula),* Salbei *(Salvia),* Thymian *(Thymus)* und Ysop *(Hyssopus)* sowie mit krautigen wie Minze *(Mentha),* Oregano *(Origanum),* Katzenminze *(Nepeta)* und einjährigem Basilikum viele Vertreter. Unter den 6500 Arten der Lamiaceae gibt es aber noch andere hervorragende Gartenpflanzen wie Indianernessel *(Monarda),* Taubnessel *(Lamium),* Günsel *(Ajuga)* und Ziest *(Stachys).*

Callicarpa dichotoma
Schönfrucht

Tectona grandis,
Teakbaum

Verbreitung

Die Lamiaceae sind fast weltweit verbreitet, ausgenommen die Polarregionen. Besonders groß ist der Artenreichtum im Mittelmeerraum und anderen Gebieten mit trocken-heißem Klima.

Herkunft

Die Lippenblütler zählen zu den Familien, von denen es vor dem Eozän (vor ca. 46 Millionen Jahren) keine Fossilfunde gibt. Angesichts der komplexen Blütenformen, die sich zum Anlocken von Bestäubern entwickelt haben, gehören sie wahrscheinlich zu den jüngeren Pflanzenfamilien.

Blüten

Die Blütenform ist wohl das auffälligste Merkmal dieser Familie und erklärt auch ihren Trivialnamen «Lippenblütler». Jede Blüte besitzt fünf grüne Kelchblätter, die teilweise zu einer Röhre verwachsen sind. Aus dem Kelch ragen fünf verwachsene Kronblätter hervor, deren Öffnung zwei Lippen bilden: die obere ist zweilappig, die untere dreilappig. Von dieser Anordnung gibt es Abweichungen. Bei der Buntnessel ist die obere Lippe einlappig, die untere vierlappig. Gamander *(Teucrium)* hat keine Oberlippe, aber eine fünflappige Unterlippe. Trotz solcher Abweichungen sind die Blüten der Lamiaceae leicht zu erkennen. Jede besitzt normalerweise vier Staubblätter (Salbei und Rosmarin nur zwei). Die Kronblätter sind meist kräftig gefärbt und duftlos, doch dieses Defizit wird durch das Laub ausgeglichen.

Teucreum botrys,
Trauben-Gamander

Ajuga genevensis,
Genfer Günsel

Rosmarinus officinalis,
Rosmarin

Salvia officinalis,
Echter Salbei
Die trockenen Nussfrüchte des Salbei bleiben im Kelch und fallen später heraus. Sie sehen aus wie Samen, tatsächlich handelt es sich aber um Teilfrüchte.

Früchte

Im Gegensatz zu den Blüten sind die Früchte der Lamiaceae unscheinbar. Die meisten bilden trockene, samenartige Nüsschen, die nach dem Abfallen der Kronblätter in der Kelchblattröhre verborgen liegen. Typisch sind vier Teilfrüchte (Klausen) pro Blüte, die zu Boden fallen, wenn sie geschüttelt werden. Einige Arten bilden fleischige Früchte, die von Tieren gefressen und verbreitet werden. Der japanische Losbaum *(Clerodendrum trichotomum)* trägt blaue Früchte, die von leuchtend roten Kelchblättern umrahmt sind: für hungrige Vögel gut zu erkennen.

Blätter

Gegenständige Blätter an einer vierkantigen Sprossachse sind eine Kombination von Merkmalen, die typisch für die Lamiaceae ist, aber nicht ausschließlich bei ihnen vorkommt. Die Blätter der Lamiaceae sind meist einfach, selten gelappt oder geteilt, und duften oft, wenn man sie zerreibt. Bei den meisten Arten sind sie gegenständig angeordnet, und die Blattpaare sind jeweils um 90° gegeneinander versetzt. Gelegentlich kommen wirtelige Blätter vor. Trockenheitsverträgliche Arten haben oft ledrige (Rosmarin) oder mit silbrigen Härchen bedeckte Blätter (Ziest), um die Verdunstung zu reduzieren. Andererseits haben Arten, die feuchten oder sehr feuchten Boden bevorzugen (Basilikum, Minze) dünne Blätter mit wenigen oder keinen Härchen.

Clerodendrum trichotomum,
Japanischer Losbaum

Mentha longifolia,
Ross-Minze
Diese Art ist von Europa bis China und Südafrika verbreitet. Wie viele *Mentha*-Arten besitzt sie einen ausgeprägten Mentholgeruch.

Bestäubung

Salvia ist mit über 900 Arten die größte Gattung der Familie. Der Echte Salbei *(Salvia officinalis)* ist nur eine von vielen wertvollen Gartenformen. Aber warum gibt es so viele Arten? Möglicherweise liegt es am einzigartigen Bestäubungsmechanismus, wie ihn der Wiesen-Salbei *(Salvia pratensis)* zeigt. Wenn ein Bestäuber auf einer Blüte landet, drückt er einen «Hebel», der die mit Pollen beladenen Staubbeutel auf den Rücken des Bestäubers senkt. Durch kleine Unterschiede in der Staubblattlänge gelangt der Pollen auf verschiedene Teile des Bestäubers und wird nicht auf die empfangsbereite Narbe einer anderen Blüte übertragen. So entsteht eine Art Barriere zwischen bislang interfertilen Pflanzen, und eine neue *Salvia*-Art entsteht.

VERWENDUNG IM GARTEN

Die Lamiaceae spielen zwar im Kräutergarten eine Hauptrolle, aber der Familie gehören auch Zierpflanzen für verschiedene Standorte an. Wer Wasser sparen möchte, ist mit Sträuchern wie Gamander *(Teucrium fruticans)*, Brandkraut *(Phlomis fruticosa)*, Bartblume *(Caryopteris)* und Keuschlamm *(Vitex agnus-castus)* gut beraten. Alle vertragen Trockenheit gut. Zierformen von Basilikum, Salbei und Buntnessel *(Solenostemon scutellarioides)* brauchen mehr Wasser und eignen sich als Sommerschmuck für Kübel. Für niedrige Hecken und Beeteinfassungen sind Rosmarin, Ysop, Lavendel und Edel-Gamander *(Teucrium chamaedrys)* ideal.

Vitex agnus-castus,
Keuschlamm

Solenostemon scutellarioides,
Buntnessel

Oleaceae

Olivengewächse

In dieser Familie finden sich überraschende Verwandtschaften. Zu den Oleaceae gehören Ölbäume und Eschen, aber auch Sträucher wie Flieder *(Syringa)*, Jasmin *(Jasminum)*, Liguster *(Ligustrum)*, *Osmanthus*, *Forsythia* und *Abeliophyllum*. Die Familie umfasst nur Bäume und Sträucher sowie einige Kletterpflanzen.

Größe der Familie

Diese mittelgroße Familie umfasst zurzeit 24 Gattungen und 800 Arten. Hinsichtlich der Gattung *Jasminum* (Jasmin) herrscht Uneinigkeit unter den Experten, und es werden Artenzahlen zwischen 200 und 450 angegeben.

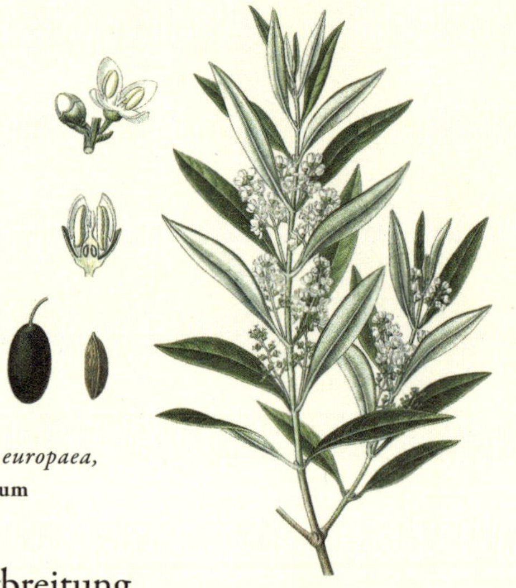

Olea europaea,
Ölbaum

Jasminum didymum

Verbreitung

Die Oleaceae sind weltweit verbreitet, von den Tropen bis zu subarktischen Gebieten. Eschen *(Fraxinus)* finden sich in den meisten gemäßigten Zonen der nördlichen Halbkugel, Jasmin wächst in Europa, Asien, Australien, im Pazifikraum und im tropischen Amerika. *Ligustrum* ist von Europa bis Südostasien anzutreffen, *Abeliophyllum* vorwiegend in Korea.

Herkunft

Obwohl Fossilfunde der Oleaceae rar sind, stimmen Botaniker überein, dass der Ursprung im Mesozoikum liegen dürfte. Einige Gattungen, die heute nur lokal vertreten sind, haben sich vermutlich vor vielen Millionen Jahren abgespalten.

Blüten

Die Blüten der Oleaceae sind meist unscheinbar und werden wegen ihres Dufts und der Früchte mehr geschätzt als wegen ihres Aussehens. Auch bei *Fraxinus* und *Ligustrum* gelten die Blüten nicht als wichtig. Darum entgeht Pflanzenfreunden oft ihr einziges gemeinsames Merkmal: die Anatomie der Blüten. Sie bestehen aus vier verwachsenen Kelchblättern, vier verwachsenen Kronblättern und zwei Staubblättern, was eine recht ungewöhnliche Kombination ist. Sie sind regelmäßig geformt, erscheinen in großer Zahl und duften häufig. Der Fruchtknoten ist oberständig, und aus den beiden verwachsenen Fruchtblättern reift eine zweikammerige Frucht heran. In der Gattung *Fraxinus* gibt es zahlreiche Arten, deren Blüten keine Kronblätter besitzen. Bei *Jasminum* variiert die Zahl der Kronblätter zwischen vier und neun, und bei vielen Arten der Oleaceae sind alle Kronblätter zu einer langen oder kurzen Röhre verwachsen.

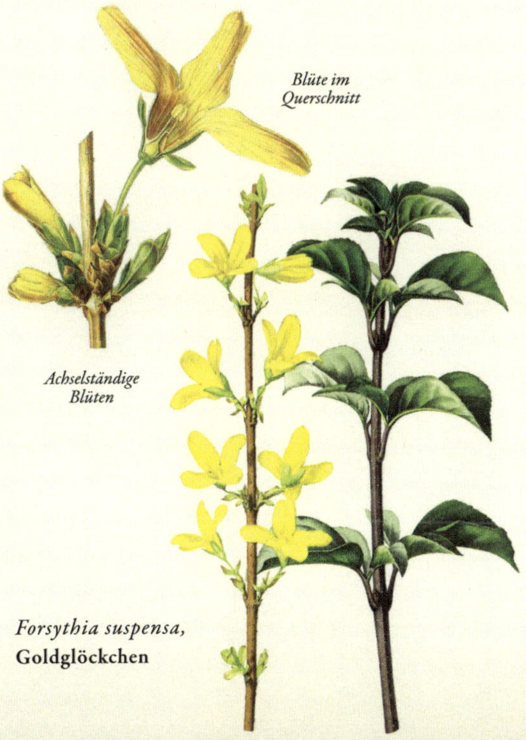

Forsythia suspensa,
Goldglöckchen

VERWENDUNG IM GARTEN

Die Früchte des Ölbaum *(Olea europaea)* haben kulinarischen Wert, doch auch die relativ kleinen Bäume mit dem silbrigen, immergrünen Laub werden geschätzt, zumal sie auch in kühl-gemäßigtem Klima gedeihen. Häufiger sieht man in Gärten jedoch *Fraxinus*, *Jasminum* und Flieder *(Syringa vulgaris)*.

Syringa vulgaris,
Flieder

Blätter

Die Blätter der Oleaceae sind gegenständig angeordnet. Einige Arten sind immergrün.

Früchte

Jasminum und *Ligustrum* tragen Beeren. *Forsythia* bildet trockene Kapselfrüchte mit geflügelten Samen. Ölbäume *(Olea)* tragen kleine Steinfrüchte (Oliven). Die geflügelten Früchte der Gattung *Fraxinus* werden als Samaras bezeichnet.

Scrophulariaceae

Braunwurzgewächse

Nur wenige Pflanzenfamilien waren so großen Veränderungen unterworfen wie diese. Viele Arten wurden in andere Familien eingeordnet (Plantaginaceae und Orobanchaceae) oder sind neu hinzugekommen (*Buddleja,* früher Familie Loganiaceae). Heute umfasst sie Bäume, Sträucher sowie ein- und mehrjährige krautige Pflanzen.

Größe der Familie

Zu den Scrophulariaceae mit aktuell rund 1800 Arten gehören attraktive Gartenpflanzen wie Braunwurz *(Scrophularia),* Königskerze *(Verbascum),* Kapfuchsie *(Phygelius), Nemesia* und *Diascia*. Die meisten sind krautig, doch in der Gattung *Buddleja* und anderen finden sich auch Sträucher.

Buddleja davidii,
Sommerflieder

Verbreitung

Die Scrophulariaceae sind in tropischen und gemäßigten Regionen weit verbreitet. Besonders häufig kommen sie in Südafrika und in hohen Lagen tropischer Gebirge vor.

Herkunft

Fossilfunde der Familie gibt es nicht. Die Ordnung Lamiales, der die Scrophulariaceae neben Plantaginaceae, Lamiaceae und Oleaceae angehören, hat ihren Ursprung im Eozän.

Blüten

Die meisten Arten bilden längliche Blütenstände (auch Einzelblüten kommen vor). Die Blüten können achsensymmetrisch sein und eine große Landeplattform für Bienen darstellen, oder radiärsymmetrisch *(Buddleja, Verbascum).* Die vier oder fünf Kelchblätter sind frei oder verwachsen, die vier oder fünf Kronblätter dagegen immer verwachsen und meist röhrenförmig. An der Öffnung der Röhre können Zipfel ungleicher Größe zwei Lippen bilden. Ebenso kommen Zipfel gleicher Größe oder röhrenförmige Sporne hinter den Blüten vor. Einige Scrophulariaceae tragen duftende Blüten, beispielsweise Sternbalsam *(Zaluzianskya)* und verschiedene *Buddleja*-Arten.

Diascia aliciae

Zaluzianskya maritima, **Sternbalsam**

VERWENDUNG IM GARTEN

Gut bekannt ist der in Asien heimische Sommerflieder *(Buddleja davidii),* der sich bereitwillig versamt und darum vielerorts als invasive Art gilt. Als attraktive Alternative, vor allem vor einer Mauer, empfiehlt sich *B. colvilei* mit außergewöhnlich großen rosa Blüten. Die orangefarbenen, runden Blütenstände des großen Strauchs *B. globosa* bilden einen großartigen Kontrast zu dunkelgrünem Laub. Wer ungewöhnliche Pflanzen mag, sollte *Glumicalyx goseloides* an einen sonnigen Platz mit guter Dränage pflanzen. Ihre hängenden, weißen Knospen öffnen sich zu orangefarbenen Blüten mit Schokoladenduft. Kap-Fuchsien sind kleine Sträucher, die massenhaft Röhrenblüten tragen und im Inneren des Zylinders aus Kronblätter oft Farbkontraste zeigen.

Buddleja colvilei, **Sommerflieder**

Blätter

Alle Mitglieder der Familie tragen glattrandige oder gesägte, ungeteilte Blätter, die gegenständig, wechselständig oder wirtelig angeordnet sein können. Nebenblätter fehlen normalerweise (bei *Buddleja* manchmal vorhanden). Einige Scrophulariaceae, darunter die namensgebende Gattung *Scrophularia,* haben vierkantige Sprossachsen und gegenständige Blättern. Sie ähnelt somit den Lippenblütlern (Lamiaceae – siehe S. 192–195), doch nur letztere besitzen aromatisch duftende Blätter.

Scrophularia vernalis, **Frühlings-Braunwurz**

Plantaginaceae

WEGERICHGEWÄCHSE

Diese Familie umfasst hauptsächlich ein-, zwei- und mehrjährige krautige Pflanzen. Einige werden als Nutzpflanzen kultiviert, viele sind als Zierpflanzen bekannt, darunter Fingerhut *(Digitalis)*, Löwenmäulchen *(Antirrhinum)*, Leinkraut *(Linaria)* und Bartfaden *(Penstemon)*.

Digitalis purpurea, **Roter Fingerhut**

Größe der Familie

Die Familie umfasste früher 250 Arten, darunter den Wegerich *(Plantago)*, der als Rasenunkraut gilt. Inzwischen wurde sie auf etwa 1900 Arten erweitert. Die meisten sind krautig, es gibt aber auch einige teilweise verholzende Kletterpflanzen *(Asarina, Rhodochiton)* und Wasserpflanzen *(Callitriche, Hippuris)*.

Verbreitung

Die Familie ist weltweit vertreten, mit Ausnahme der Antarktis, vorwiegend aber in gemäßigtem Klima.

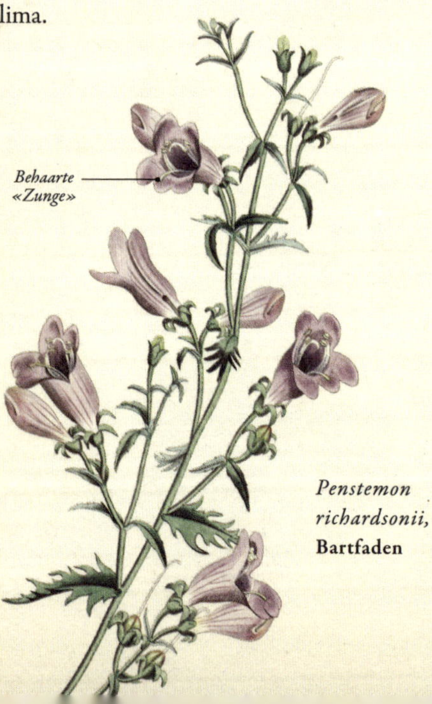

Penstemon richardsonii, **Bartfaden**

Herkunft

Über die Geschichte der Plantaginaceae ist wenig bekannt.

Blüten

Die Blüten der Plantaginaceae ähneln denen der Scrophulariaceae in vieler Hinsicht und sind schwer von ihnen zu unterscheiden. Jede Blüte besitzt vier oder fünf verwachsene Kelchblätter und vier oder fünf verwachsene Kronblätter, wobei letztere bei *Plantago* fehlen. Bei *Antirrhinum*, *Linaria* und anderen sind die Kronblätter wie zwei Lippen geformt, von denen die untere oft etwas gebläht ist und das typische «Maul» der Löwenmäulchen bildet. Üblich sind drei oder vier (zwei lange, zwei kurze) Staubblätter, bei vielen *Veronica*-Arten jedoch nur zwei. Viele *Penstemon*-Arten besitzen ein fünftes behaartes Staubblatt, auf den sich der Trivialname Bartfaden bezieht.

Antirrhinum majus,
Löwenmäulchen
Die Kronblätter sind gelb gemustert. Diese Farbe sehen Bienen besonders gut und erkennen so, wo sie landen müssen. Nur schweren Hummeln gelingt es, die Blüte aufzudrücken und an den Nektar zu gelangen.

VERWENDUNG IM GARTEN

Unter den Plantaginaceae finden sich viele schöne Gartenpflanzen. Die hohen Blütenähren von Fingerhut und *Veronicastrum* eignen sich für den Beethintergrund, *Penstemon* und Schlangenkopf *(Chelone)* für den mittleren Bereich. Einjährige Löwenmäulchen können im Vordergrund gesät werden, und Lücken lassen sich mit Stützen füllen, an denen *Lophospermum* und *Rhodochiton* in die Höhe klettern. Die kleineren Mitglieder der Familie eignen sich gut für Steingärten und Tröge. Die mattenbildende *Globularia* trägt blaue Blüten und harmoniert gut mit rosa blühendem Alpenbalsam *(Erinus alpinus)*. Die kleine *Veronica* (früher *Hebe*) *epacridea* mit zierlichen Blättern an drahtigen Sprossachsen ist eine gute Gesellschafterin für violetten *Penstemon davidsonii*. Blüten in Blau, Violett, Rosa und Weiß herrschen in den Plantaginaceae vor, eine Ausnahme bildet aber *Penstemon pinifolius* mit leuchtstarken Blüten in Orange oder Schwefelgelb.

Globularia alypum,
Kugelblume

Blätter

Gegenständige Blätter sind die Regel, es kommen aber auch wechselständige *(Digitalis, Globularia)* und wirtelige Blattstellung *(Hippuris)* vor. In der großen Gattung *Veronica*, in die nun auch *Hebe* eingeschlossen ist, gibt es Arten mit wechselständigen und gegenständigen Blättern. Blattstiele können vorhanden sein oder fehlen, Nebenblätter sind nicht vorhanden.

Hippuris vulgaris,
Tannenwedel
Der Tannenwedel mit den stark reduzierten Blüten ohne Kronblätter ist eine der wenigen Wasserpflanzen in der Familie der Wegerichgewächse.

Boraginaceae

RAUBLATTGEWÄCHSE

Diese Familie krautiger Pflanzen mit rauen Blättern ist an ihren sich entrollenden Blütenständen aus hübschen blauen Blüten leicht zu erkennen. Unter den Raublattgewächsen finden sich einige Strauch- und Baumarten (beispielsweise in der Gattung *Cordia*), die meisten Arten sind aber niedrige Einjährige oder Stauden, die nach der Blüte das Laub einziehen.

Größe der Familie

Die Familie umfasst 142 Gattungen mit 2450 Arten. Obwohl sie nach der Gattung *Borago* benannt ist, gehören ihr nur fünf Borretsch-Arten an. Zu den größeren Gattungen gehören *Cordia* und *Heliotropium* mit je etwa 300 Arten.

Cordia myxa, **Schwarze Brustbeere**

Verbreitung

Raublattgewächse sind in allen gemäßigten und subtropischen Gebieten der Welt heimisch. Seltener kommen sie in kühl-gemäßigtem und tropischem Klima vor. Am größten ist die Artenvielfalt im Mittelmeerraum. Die verholzende Gattung *Cordia* ist zwar weltweit vertreten, jedoch hauptsächlich in warmen Regionen wie Afrika und Südostasien. Etwa ein Fünftel aller Gattungen stammt aus Nordamerika.

Borago officinalis, **Boretsch**

Herkunft

In Nordamerika wurden zahlreiche Fossilien der Boraginaceae aus dem Miozän und Pliozän gefunden. Die Menge und Vielfalt lässt vermuten, dass sich die Familie im Känozoikum (vor ca. 50 Millionen Jahren) entwickelt hat.

Blüten

Die einzelnen Blüten sind fünfzählig (fünf Kelchblätter, fünf Kronblätter, fünf Staubblätter) mit oberständigem Fruchtknoten. Die Kronblätter sind zu einer fünflappigen, röhren- oder glockenförmigen Krone verwachsen. Die Blüten der Gattung *Borago* erscheinen sternförmig, weil die Kelchblätter versetzt zu den Kronenzipfeln stehen.

Die Kronblätter sind meist blau, gelegentlich auch gelb, weiß, rosa oder violett. Manche Blüten verfärben sich mit der Zeit, was möglicherweise eine Signalwirkung auf bestäubende Insekten hat. Normalerweise sind die Blüten regelmäßig geformt, bei *Echium* und verwandten Gattungen bilden sie jedoch Lippen.

Die Blütenstände sind aufgerollt wie eine Spirale. Sie entrollen sich langsam, wenn sich die Blüten öffnen – ein Erkennungsmerkmal dieser Familie.

Echium strictum, **Natternkopf**

VERWENDUNG IM GARTEN

Beliebte Zierpflanzen sind *Heliotropium*, Blauglöckchen *(Mertensia)*, Vergissmeinnicht *(Myosotis)*, Lungenkraut *(Pulmonaria)*, Natternkopf *(Echium)*, *Brunnera* und die hübsche einjährige *Cerinthe*. Borretsch *(Borago officinalis)* ist ein einjähriges Küchenkraut und eine gute Bienenweide. Beinwell *(Symphytum)* wird im biologischen Gartenbau als Kompost-Starter und Rohstoff für Dünger geschätzt.

Myosotis scorpioides, **Sumpf-Vergissmeinnicht**

Blätter

Blätter, Sprosse und oft auch Knospen sind mit rauen Härchen oder Borsten bedeckt, die bei Berührung juckenden Ausschlag verursachen können. Die wechselständigen Blätter sind meist schmal und ungeteilt mit glatten oder gesägten Rändern. In der Gattung *Pulmonaria* kommen gefleckte Blätter vor.

Asteraceae

KORBBLÜTLER

Die meisten bekannten Angehörigen dieser Familie sind Stauden wie Aster und Sonnenhut *(Echinacea, Rudbeckia)* oder Einjährige wie Sonnenblume *(Helianthus)* und Flockenblume *(Centaurea)*. Außerdem finden sich in der großen Pflanzenfamilie Bäume, Sträucher, Kletterpflanzen, alpine Arten sowie viele Gartenunkräuter und Wildblumen, beispielsweise Löwenzahn, Gänseblümchen und Disteln.

Größe der Familie

Mit rund 23 600 Arten sind die Asteraceae die größte aller Pflanzenfamilien. Infolgedessen könnte man erwarten, dass sich darunter viele essbare Arten befinden, tatsächlich sind aber nur Sonnenblume, Kopfsalat, Artischocke und Zichorie als Nutzpflanzen von Bedeutung. Diese Familie beweist eher mit zahlreichen attraktiven Stauden ihren Wert im Garten.

Achillea millefolium, **Gewöhnliche Schafgarbe**

Centaurea cyanus, **Kornblume**

Verbreitung

Außer in der Antarktis gibt es Korbblütler in nahezu jedem Ökosystem. In tropischen Regenwäldern sind sie selten vertreten. Besonders groß ist die Artenvielfalt in trockenen Regionen (auch Wüsten), im Klima vom mediterranen Typ und in hohen Lagen tropischer Gebirge.

Herkunft

Die ältesten Funde dieser vielleicht am weitesten entwickelten Pflanzenfamilie stammen aus der Kreidezeit (vor 76–66 Millionen Jahren) und wurden in der Antarktis entdeckt. Dass sie auf der südlichen Halbkugel entstanden sind, legt auch die enge Verwandtschaft zur kleinen Familie Calyceraceae nahe, die ausschließlich in Südamerika vorkommt.

Blüten

Der Trivialname «Korbblütler» bezieht sich darauf, dass die Einzelblüten dicht gedrängt stehen und ein «Blütenkörbchen» bilden. Diese Blütenkörbchen sehen aus wie eine einzelne Blüte und erfüllen dieselbe Aufgabe: Sie locken bestäubende Insekten an. Normalerweise enthält jede der winzigen Einzelblüten alle wesentlichen Bestandteile.

Die Kelchblätter sind zu Schuppen oder Härchen reduziert (Pappus), die fünf Kronblätter bilden eine Röhre, mit der die fünf Staubblätter teilweise verwachsen sind.

Viele Korbblütler besitzen zweierlei Einzelblüten, die sich durch die Kronblätter unterscheiden. Scheibenblüten haben eine symmetrische Kronblattröhre, Zungenblüten sind asymmetrisch, weil die Kronblattröhre eine einseitig vorspringende Zunge bilden. Beim Gänseblümchen *(Bellis perennis)* sind die gelben Scheibenblüten im Zentrum von einem Kranz weißer Zungenblüten umrahmt. Löwenzahn *(Taraxacum)* hat nur Zungenblüten. Das Gewöhnliche Greiskraut *(Senecio vulgaris)* hat nur Scheibenblüten. Ein Ring von Hüllblättern, die Kelchblättern ähneln, umgibt den ganzen Blütenstand. Dieser Blütenaufbau ist bei allen Asteraceae zu finden.

Senecio vulgaris,
Gewöhnliches Greiskraut

Echinacea purpurea,
Roter Sonnenhut

Taraxacum officinale,
Kuhblume, Löwenzahn

Abb.1.1

Abb.1.1 *Bellis perennis*, Gänseblümchen. Die «Blüte» der Asteraceae ist ein stark spezialisierter Blütenstand, den man Köpfchen nennt. Der Blütenstandsboden (links) trägt winzige Blüten mit asymmetrischer (Mitte) oder symmetrischer (rechts) Kronblattröhre.

Abb.1.2 Die «Kerne» von *Helianthus annuus* (Sonnenblume) sind Schließfrüchte (Achänen). Der eigentliche Same befindet sich in der gestreiften Schale.

Abb.1.2

Früchte

Angesichts der geringen Größe der Einzelblüten liegt es nahe, dass auch die Früchte sehr klein sind. Nur ein Teil der Einzelblüten eines Köpfchens ist fertil, und von diesen bildet jede eine trockene Schließfrucht. Bei manchen Arten haftet ihr ein haariger oder gezähnter Pappus an. Er dient der Ausbreitung, indem er als Fallschirm fungiert oder im Fell vorbeistreifender Tiere hängen bleibt. Der schwarz-weiß gestreifte «Same» der Sonnenblume *(Helianthus)* ist eine Frucht, denn der eigentliche Same befindet sich in der trockenen Hülle. Der Pappus fällt ab, bevor die Früchte verteilt werden.

Blätter

Wie in einer so großen Familie zu erwarten, gibt es Blätter in vielen Formen und Größen. Sie können ungeteilt oder gelappt, gestielt oder ungestielt sein, und viele sondern, wenn sie beschädigt werden,

Carduus crispus,
Krause Distel

Dahlia imperialis,
Baumdahlie
Diese krautige Staude zählt zu den Riesen unter den Asteraceae. Sie kann bis 10 Meter hoch werden.

Guizotia abyssinica,
Ramtillkraut

weißen Saft ab. Dahlien besitzen komplexe, zusammengesetzte Blätter, die bei Baumdahlien *(Dahlia imperialis)* über einen Meter lang werden können. Meist sind sie wechselständig angeordnet, manchmal auch gegenständig oder wirtelig. Bei krautigen Gattungen bilden sie oft eine Basalrosette.

Tiere im Garten

Viele Vögel fressen die Früchte von Korbblütlern. Vor allem Finken fressen gern die Früchte von Sonnenblumen oder diejenigen von Ramtillkraut *(Guizotia abyssinica)*, ebenfalls ein Korbblütler. Im Sommer locken die nektarreichen Blüten Bienen, Schwebfliegen und Schmetterlinge an.

VERWENDUNG IM GARTEN

Relativ wenige Korbblütler werden kommerziell angebaut, einige enthalten jedoch Stoffe, die hungrige Pflanzenfresser vertreiben. Manche können auch im Garten zum Vertreiben von Insekten eingesetzt werden.

Aus den getrockneten Blütenständen der rotblütigen Wucherblume *(Tanacetum coccineum)* wird das Insektizid Pyrethrum gewonnen. Pflanzt man sie zwischen gefährdete Zierpflanzen, kann sie Schädlingsbefall eindämmen. *Tagetes* vertreiben Zwiebelfliegen und weiße Fliegen, während Kamille *(Matricaria chamomilla)* den Geschmack von Gemüsepflanzen verbessert und räuberische Schwebfliegen anlockt. Zu den essbaren Korbblütlern zählen Currykraut *(Helichrysum italicum)* und Estragon *(Artemisia dracunculus)*.

Angesichts der Vielfalt blühen fast zu jeder Jahreszeit einige Korbblütler-Arten. Die Hochblüte fällt aber in den Spätsommer und Frühherbst, wenn Dämmerlicht und Morgentau die Blütenköpfe leuchten lassen. Astern, Sonnenhut, Schafgarbe, Sonnenbraut und exotische Dahlien bringen Farbe in die Beete, wenn die Frühsommerstauden verblüht sind. Und selbst im Winter sehen die interessanten Samenstände von Kugeldisteln *(Echinops)* und wilden Artischocken *(Cynara cardunculus)* noch reizvoll aus.

Tanacetum coccineum,
Rotblütige Wucherblume

Campanulaceae

Glockenblumengewächse

Die Familie der Glockenblumengewächse ist deutlich größer geworden, seit ihr auch die Lobelien zugeordnet wurden. Sie umfasst vorwiegend krautige Pflanzen (darunter Ein- und Zweijährige) mit hübschen, meist blauen Glocken- oder Lippenblüten. Einige Arten wachsen strauchig, und Riesenlobelien zeigen einen Wuchs, der an kleine Palmen erinnert.

Größe der Familie

Seit die ehemalige Familie der Lobelien (mit 30 Gattungen) eingegliedert wurde, hat sich die Größe der Campanulaceae fast verdoppelt. Sie umfasst jetzt 79 Gattungen und 1900 Arten. Die meisten entfallen auf zwei Unterfamilien, die im Wesentlichen Campanulaceae und Lobeliaceae vor ihrer Zusammenführung entsprechen.

Verbreitung

Die große Mehrheit der Campanulaceae stammt aus kühl-gemäßigten Regionen, die Gesamtfamilie ist aber weltweit vertreten. Die Unterfamilie Lobeliaceae ist eher in warm-gemäßigtem und tropischem Klima vertreten, die Campanulaceae eher in kühleren Lagen. Einige Gattungen sind auf der südlichen Halbkugel anzutreffen, mehrere davon sind in Südafrika recht verbreitet.

Herkunft

Aufgrund fossiler Pollen kann auf ein Alter von 30 Millionen Jahren geschlossen werden, die weltweite Vielfalt lässt aber vermuten, dass die Familie schon in der späten Kreidezeit (vor 80–70 Millionen Jahren) entstand. Die Campanulaceae und Asteraceae haben gemeinsame Vorfahren, sind also eng verwandt.

VERWENDUNG IM GARTEN

Einige *Lobelia*-Arten und fast alle *Campanula*-Arten sind unkomplizierte, pflegeleichte Gartenpflanzen. Auch *Symphyandra*, *Phyteuma*, *Edraianthus* und *Jasione* sind wertvolle Zierpflanzen. Einige Arten, darunter *Adenophora*, *Codonopsis* und *Platycodon*, eignen sich besonders gut für Steingärten. Die Rundblättrige Glockenblume *(Campanula rotundifolia)* gedeiht in Steingärten und an steinigen, sonnigen Böschungen.

Roella ciliata

Blüten

Die auffälligen, oft zarten Blüten der Campanulaceae lassen sich anhand der Unterfamilien in zwei Kategorien einordnen. Die Blüten der Unterfamilie Campanuloideae sind meist glockenförmig mit fünf Kronblättern. Bei den Lobelioideae sind drei der fünf Kronblätter zu einer Lippe vergrößert.

Die Kronblätter sind meist zu einer Schalen-, Glocken- oder Röhrenform verwachsen, und der Kelch ist mit dem Fruchtknoten verwachsen. Die Krone beginnt dort, wo sich der Kelch vom Fruchtknoten löst. Bei den Gattungen *Jasione*, *Asyneuma*, *Michauxia*, *Cephalostigma* und *Lightfootia* sind die Kronblätter nicht verwachsen.

Die Blüten stehen meist in Rispen oder Cymen, manchmal auch einzeln. Berg-Sandglöckchen *(Jasione montana)*, Kugelige Teufelskralle *(Phyteuma orbiculare)* und einige Lobelien tragen dichte, kompakte Blütenstände.

Viele Arten werden wegen ihrer großen Blüten geschätzt. Sie sind meist blau, manchmal auch rot, violett oder weiß, seltener gelb. Zahlreiche Bestäuber fliegen die Blüten an, Bienen vor allem die blauen. Arten mit roten Blüten können von Schmetterlingen oder Vögeln besucht werden. Die stattliche Kardinalslobelie *(Lobelia cardinalis)* wird in ihrer Nordamerikanischen Heimat von Rubinkehlkolibris bestäubt.

Campanula rotundifolia,
Rundblättrige Glockenblume

Offene Blüte im Querschnitt, Pollen ausgeschüttet, Staubblätter verwelkt

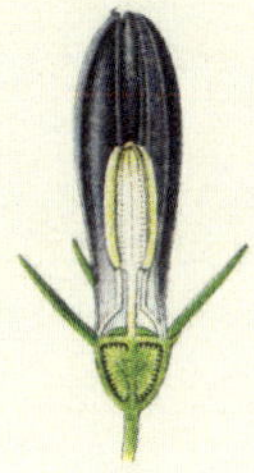

Blüte vor der Öffnung im Querschnitt

Blüte im Querschnitt

Verwelkte Blüte mit reifender Frucht

Kapselfrucht im Querschnitt

Lobelia cardinalis,
Kardinalslobelie

Legousia speculum-veneris,
Venus-Frauenspiegel

Apiaceae

Doldenblütler

Wegen ihrer typischen, flachen Blütenstände zählen die Apiaceae zu den bekanntesten Pflanzenfamilien. Ihre Angehörigen sind meist aufrechte, verzweigte, nicht verholzende Einjährige oder Stauden mit hohlen Stängeln und doldenförmigen Blütenständen.

Größe der Familie

Mit über 400 Gattungen und 3500 Arten ist dies eine der größten Pflanzenfamilien. Die meisten Gattungen umfassen nur relativ wenige Arten, manchmal nur zwei oder drei. Ein typisches Beispiel ist die Gattung Sellerie *(Apium)*, nach der die Familie benannt ist: Ihr gehören 20 Arten an.

Verbreitung

Angehörige der Familie sind weltweit vertreten, am größten ist die Dichte in gemäßigten Regionen. Zwei Drittel aller Arten sind in Europa und Asien heimisch. *Drusa glandulosa* von den kanarischen Inseln und *Naufaga balearica* aus dem Mittelmeerraum sind Besonderheiten, denn ihre engsten Verwandten finden sich unerklärlicherweise in Südamerika.

Herkunft

Die weite Verbreitung der Apiaceae lässt auf eine lange Entwicklungsgeschichte schließen. Die Familie ist eng mit den Araliengewächsen (Araliaceae – siehe Seite 212–213) verwandt, was gemeinsame Vorfahren vermuten lässt. Diese lebten wahrscheinlich vor 80–70 Millionen Jahren.

Pastinaca sativa,
Pastinake

Blüten

Die flach schirmförmigen Blütenstände sind ein Erkennungsmerkmal der Apiaceae, dem sie auch ihren Trivialnamen verdanken. Eine Dolde besteht aus gestielten Einzelblüten, die von einem Punkt an der Sprossachse ausgehen. Zusammengesetzte Blütenstände aus mehreren kleinen Dolden sind häufiger zu sehen, bei-

Ferula assa-foetida,
Asant

Foeniculum vulgare,
Fenchel

spielsweise die kuppelförmigen, ungestielten Dolden des Mannstreu *(Eryngium)*. Vergrößerte Hochblätter, die die ganze Dolde oder Einzeldolden als Hülle bzw. Hüllchen umgeben, treten bei einigen *Erynguim*-Arten und bei Hasenohren *(Bupleurum)* auf. Ein extremes Beispiel ist *Mathiasella bupleuroides* aus Mexiko, die Ähnlichkeit mit *Helleborus* aus der Familie Ranunculaceae (siehe S. 106–109) hat.

Die winzigen Einzelblüten sind fünfzählig mit stark reduziertem oder fehlendem Kelch. Sie kommen in Grün, Weiß, Gelb, Rosa und Violett vor. *Eryngium* bildet mit seinen stahlblauen Blüten eine Ausnahme. Die äußeren Blüten der Dolde sind manchmal unregelmäßig, beispielsweise bei der Möhre *(Daucus carota)*. Eventuell dient dies dazu, Fliegen, Mücken, Bienen, Schmetterlinge, Nachtfalter und andere Bestäuber anzulocken.

VERWENDUNG IM GARTEN

Obwohl nur Möhren *(Daucus)* und Pastinaken *(Pastinaca)* als Nutzpflanzen von Bedeutung sind, fallen in diese Gruppe weitere Pflanzen von kulinarischem Wert, beispielsweise Kreuzkümmel, Koriander, Fenchel, Kümmel, Sellerie, Kerbel und Petersilie. Zu den Gattungen mit Zierwert zählen *Eryngium, Astrantia, Ferula, Peucedanum* und *Anthriscus*.

Daucus carota,
Möhre

Blätter

Die Blätter der Apiaceae sind wechselständig und meist tief gelappt oder geteilt, manchmal gefiedert. Sie variieren in der Größe, und viele riechen stark, wenn sie verletzt werden.

Araliaceae

ARALIENGEWÄCHSE

Die bekannteren Angehörigen der Araliaceae sind in feuchten Wäldern und Gehölzbeständen heimisch, beispielsweise Efeu, Aralien und Zimmeraralien. Zur Familie gehören einige Bäume und Sträucher wie die japanische Aralie *(Aralia elata)*, ansonsten überwiegend kletternde Pflanzen wie *Hedera* (Efeu) und kleine, krautige Pflanzen, etwa die Gattung *Panax* (Ginseng).

Größe der Familie

Dies ist eine mittelgroße Familie mit 39 Gattungen und 1425 Arten. Die holzigen Gattungen *Schefflera* (700 Arten) und *Polyscias* (116 Arten) sind die beiden größten, gefolgt von *Aralia* (68 Arten) und *Panax* (11 Arten). Der Gattung *Hedera* (Efeu) gehören etwa 12 Arten an.

Verbreitung

Arten der Araliaceae sind weltweit verbreitet, vorwiegend aber in den Tropen und Subtropen. Die größte Artenvielfalt findet sich in Süd- und Südostasien sowie im tropischen Amerika. Typische Lebensräume sind Gebirgsnebelwälder, Regenwälder und feuchte Waldgebiete.

Aralia spinosa

VERWENDUNG IM GARTEN

Kletternder Efeu *(Hedera)*, strauchige *Fatshedera* und *Schefflera* werden als Gewächse für Schattenplätze geschätzt. Die eindrucksvollen Blütenstände der Gattungen *Aralia* und *Fatsia* sind dabei ein begrüßenswertes Extra. Es gibt viele Zuchtformen mit interessant geformten oder panaschierten Blättern. Efeunektar stellt im Herbst für viele Insekten eine wertvolle Nahrungsquelle dar.

Herkunft

Anhand zahlreicher Fossilfunde lässt sich der Ursprung der Araliaceae auf die späte Kreidezeit (vor 80–70 Millionen Jahren) datieren. Wahrscheinlich entstand die Familie in Nordamerika und breitete sich über die Bering-Landbrücke langsam nach Asien und Europa aus.

Blüten

Die einzelnen Blüten sind klein bis winzig und regelmäßig geformt. Sie sind meist grün, hellgelb oder weißlich und besitzen fünf Kronblätter, fünf Staubblätter und fünf oft sehr kleine Kelchblätter. Nach der Bestäubung reift aus jeder Blüte eine rote oder violette beerenartige Frucht mit fünf Samen heran.

Die Blüten stehen typischerweise in einfachen, rundlichen Dolden und unterscheiden sich dadurch von den oft zusammengesetzten Dolden der eng verwandten Apiaceae (siehe S. 210–211). Einige Arten, vor allem in der Gattung *Aralia*, bilden längliche Blütenstände.

Fatsia japonica,
Zimmeraralie

Blätter

Das hervorstechende Merkmal dieser Familie sind die Blätter. Sie stehen wechselständig an den Sprossen, sind oft groß und interessant gelappt und in kleinere Fiedern geteilt. Die Hauptgattungen der Familie sind anhand des typischen Blattaufbaus zu erkennen.

Kalopanax, *Fatsia*, *Hedera* und *Tetrapanax* tragen ungeteilte, gelappte Blätter. *Aralia*, *Polyscias*, *Schefflera*, *Acanthopanax* und *Panax* haben zusammengesetzte Blätter. Bei *Aralia* und *Polyscias* sind sie gefiedert, bei den anderen dreien handförmig geteilt. Junge Blätter sind oft anders geformt als ältere.

Hedera helix,
Efeu

Sprosse

Bei kletternden Arten unterscheiden sich junge und alte Sprosse oft. Junge Sprosse bilden Luftwurzeln, mit denen sie sich festhalten. Ältere Triebe halten sich selbst.

Adoxaceae

MOSCHUSKRAUTGEWÄCHSE

Diese Familie bestand ursprünglich nur aus den Gattungen *Adoxa* und *Sinadoxa* und wurde später mit zwei Gattungen aus den Geißblattgewächsen (Caprifoliaceae – siehe S. 216–217) ergänzt: *Viburnum* und *Sambucus*. Sie umfasst Sträucher, kleine Bäume und krautige Stauden. Die verholzenden Arten sind wertvolle Gartenpflanzen, und viele tragen essbare Früchte. Die krautigen Arten sind vorwiegend Wildpflanzen, manche gelten als Unkräuter.

Größe der Familie

Die große Mehrzahl der 225 Arten in dieser Familie gehört zur großen Gattung *Viburnum*, die in verschiedener Weise der Gattung *Hydrangea* (siehe S. 176–177) ähnelt: Beide enthalten Sträucher oder kleine Bäume mit gegenständigen Blättern und manchmal sterilen Blüten. *Viburnum* bildet jedoch fleischige Früchte, *Hydrangea* hingegen trockene Kapselfrüchte.

Verbreitung

Die Familie ist in gemäßigten Zonen Asiens, Europas und Nordamerikas weit verbreitet, teilweise auch in Südamerika, Südost-Australien und verschiedenen Gebirgen Afrikas.

Herkunft

Zahlreiche Blattfossilien aus der Kreidezeit (vor 99–93 Millionen Jahren) konnten als *Viburnum* identifiziert werden, was angesichts der Stellung der Adoxaceae im Stammbaum der Pflanzen (siehe S. 8–9) jedoch früh erscheint. Holunder-Fossilien datieren aus dem späten Eozän (vor etwa 40 Millionen Jahren).

Blüten

Die Gattungen *Viburnum* und *Sambucus* tragen an den Triebspitzen flache oder gerundete Blütenstände aus zahlreichen kleinen Blüten. Bei Moschuskräutern hingegen enthalten die Blütenstände nur wenige Blüten, entweder an kurzen Verzweigungen *(Sinadoxa)* oder dicht gedrängt *(Adoxa)*. Die meisten Blüten besitzen fünf verwachsene Kelchblätter und vier oder fünf an der Basis verwachsene Kronblätter. Drei bis fünf Staubblätter stehen den Kelchblättern gegenüber und sind mit den Kronblättern verwachsen. Mehrere *Viburnum*-Arten tragen am Rand des Blütenstands sterile Blüten, bei einigen sind alle Blüten steril. Die Blüten können duften *(V. carlesii, V. farreri)*, unangenehm riechen *(V. lantana)* oder geruchlos sein.

Adoxa moschatellina, **Moschuskraut**

Sambucus ebulus,
Zwerg-Holunder

Früchte

Die Pflanzen dieser Familie bilden fleischige Früchte mit harten Kernen. Sie sind meist rot, blau oder schwarz.

Blätter

Moschuskräuter bilden lockere, grundständige Blattrosetten, während die holzigen Holunder- und Schneeball-Arten gegenständige Blätter tragen. Die Blätter sind immergrün oder sommergrün, bei *Viburnum* ungeteilt, bei Moschuskräutern in ein bis drei Fiedern geteilt und bei *Sambucus* gefiedert. Die Blattränder sind gesägt, manchmal glatt, Nebenblätter können vorhanden sein oder fehlen.

VERWENDUNG IM GARTEN

Holunder, vor allem *Sambucus nigra*, wird wegen seiner aromatischen Früchte kultiviert. Die Pflanzen ziehen Bienen und Vögel an. Es gibt eine Reihe von Kulturformen mit farbigem oder fein geschnittenem Laub.

In der artenreichen Gattung *Viburnum* finden sich zahlreiche beliebte Gartenpflanzen. Für Hecken empfiehlt sich vor allem *V. opulus* mit weißen Blüten, rot glänzenden Früchten und einer prächtigen Herbstfärbung. Immergrüne Hecken aus *V. tinus* schmücken sich schon im Winter mit Blüten. Die meisten Schneeball-Arten blühen im Winter und Frühjahr, *V. × bodnantense* bildet sogar unter einer Schneedecke Knospen. Wenig später erscheinen die Blüten von *V. bitchiuense* und *V. farreri*, deren intensiver Duft vor allem in kühlen Frühlings-Morgenstunden begeistert.

Viburnum opulus,
Gewöhnlicher Schneeball

Caprifoliaceae

Geissblattgewächse

Ein Teil dieser Familie wurde in die Adoxaceae ausgegliedert, andererseits kamen die Karden, Skabiosen und Baldriangewächse hinzu. Ihr gehören kleine Bäume, Sträucher und Kletterpflanzen sowie ein-, zwei- und mehrjährige krautige Pflanzen an. Einige Arten sind essbar, beispielsweise der Feldsalat *(Valerianella)*.

Größe der Familie

Die 900 Arten der Caprifoliaceae finden verschiedene Verwendungen. Beliebte Pflanzen aus der Familie sind beispielsweise Baldrian *(Valeriana)*, Spornblume *(Centranthus)*, Witwenblumen *(Scabiosa, Knautia)*, Kardendistel *(Morina)* und Kletterndes Geißblatt sowie verschiedene Sträucher *(Abelia, Weigela, Leycesteria)*.

Lonicera hildebrandiana, **Riesen-Geißblatt**

Verbreitung

Die Geißblattgewächse sind auf der nördlichen Halbkugel, in Afrika und Südamerika weit verbreitet. Das Moosglöckchen *(Linnaea borealis)* ist auf allen drei nördlichen Kontinenten vertreten. Einige Arten von Geißblatt *(Lonicera)* und Karde *(Dipsacus)* gelten als hartnäckige Unkräuter.

Einzelblüte

Valeriana officinalis, **Echter Baldrian**

Herkunft

Fossile Früchte, die denen der heutigen *Dipelta* stark ähneln, wurden auf das späte Eozän (vor ca. 40 Millionen Jahren) datiert, Früchte mit Ähnlichkeit zu *Patrinia*, *Valeriana* und *Heptacodium* hingegen auf das weitaus spätere Miozän (vor 11–5 Millionen Jahren).

Blüten

Die Blüten-Grundform dieser Familie besteht aus vier oder fünf verwachsenen Kelchblättern und vier oder fünf teilweise zu einer Röhre verwachsenen Kronblättern. Die Lappung der Kronblätter kann symmetrisch sein *(Heptacodium)*, zwei obere und drei untere *(Dipelta)* oder vier obere und einen unteren Lappen (einige *Lonicera*-Arten) aufweisen.

Symphoricarpos racemosus, **Schneebeere**

Frucht im Querschnitt

VERWENDUNG IM GARTEN

Geißblatt ist für seinen süßen Duft bekannt, vor allem der Strauch *Lonicera fagrantissima,* der im zeitigen Frühjahr blüht. *L. hildebrandiana* ist relativ frostempfindlich, aber seine 15 cm langen Blüten verströmen einen intensiven Duft. Nicht alle Geißblatt-Arten duften, wohl aber die meisten Abelien, die darüber hinaus farbige Brakteen und in manchen Fällen panaschiertes Laub besitzen. Wo der Platz nicht für einen Strauch oder eine Kletterpflanze ausreicht, ist krautiger Baldrian *(Valeriana officinalis)* eine gute Wahl. Die frostverträgliche Pflanze trägt auf hohen Sprossachsen lockere weißliche Blütenstände mit Vanilleduft und versamt sich bereitwillig.

Sie besitzen ein bis fünf Staubblätter, deren Filamente mit den Kronblättern verwachsen sind.

Die meisten Blütenstände tragen zahlreiche Hochblätter. Bei einigen Arten *(Lonicera involucrata, Heptacodium, Abelia)* bleiben die farbigen Hochblätter nach dem Abwelken der Kronblätter noch lange stehen. Bei den Kardengewächsen bilden zahlreiche kleine Blüten einen kompakten, meist kopfigen Blütenstand. Er ist von einem Kranz aus Hochblättern umrahmt.

Früchte

In der Familie kommen sowohl trockene Früchte *(Weigela, Abelia)* als auch fleischige *(Lonicera, Symphoricarpos)* vor.

Blätter

Die Sträucher und Kletterpflanzen tragen gegenständige oder wirtelige Blätter, während die krautigen Arten oft eine Basalrosette bilden. Die Blätter sind stets gestielt, meist ungeteilt, gelegentlich auch fiedrig geteilt *(Knautia, Cephalaria).* Die Blattränder können glatt oder gesägt sein. Nebenblätter sind nicht vorhanden.

Paarige Blüten

Beeren

Lonicera caerulea, **Blaue Heckenkirsche**

Glossar der botanischen Begriffe

Ähre: Blütenstand mit ungestielten Blüten, die direkt an der unverzweigten Sprossachse stehen.

Ausläufer (Stolon): Hängender oder kriechender Spross, an dem sich neue Pflanzen bilden (z. B. Gräser, Erdbeeren).

Blatthäutchen (Ligula): Ein haar- oder blattähnliches Anhängsel an der Übergangsstelle von Blattscheide und Spreitenoberseite, z. B. bei einigen Gräser und Ingwerarten.

Blattstiel (Petiolus): Der Stiel, der die Blattspreite mit der Sprossachse verbindet.

Blütenbecher (Hypanthium): Becher- oder röhrenförmige Struktur am Grund einer Blüte, die vom Blütenboden (Rezeptakulum) gebildet wird. Umgibt die Fruchtblätter oder ist mit ihnen verwachsen.

Blütenboden (Rezeptakulum): Der obere Abschnitt der Sprossachse, der die Organe der Blüte (Kelchblätter, Kronblätter usw.) trägt.

Blütenkopf (Capitulum): Kompakter, flacher Blütenstand, der aus vielen kleinen Blüten besteht, z. B. Korbblütler.

Blütenstand (Infloreszenz): Eine Sprossachse, die eine Gruppe von Blüten trägt. Blütenstände können unterschiedlich aufgebaut sein, z. B. Ähre, Rispe, Schirmrispe, Dolde.

Braktee: Blatt am Grund einer Blüte oder eines Blütenstandes. Brakteen können klein und schuppenförmig, aber auch groß und leuchtend gefärbt sein oder einem Laubblatt ähneln.

Cupula: Becherförmiger Wirtel verwachsener Brakteen, welche die Basis einer Frucht umgeben (z. B. Eicheln).

Cyme: Verzweigter Blütenstand, dessen Achsen mit einer Blüte enden. Die älteste Blüte steht in der Mitte, die jüngeren erscheinen nacheinander endständig an den Seitentrieben.

Dolde: Schirmförmiger Blütenstand mit gestielten Blüten, die an einem Punkt an der Sprossachsenspitze entspringen.

Einfach (Blatt): Blatt mit einer durchgehenden, ungeteilten Spreite. Siehe auch *geteilt.*

Einkeimblättrige (Monokotyledonen): Gruppe der Blütenpflanzen mit parallel geäderten Blättern. Die Anzahl der Blütenteile ist ein Vielfaches von drei, z. B. Gräser, Orchideen, Narzissen, Palmen.

Eizelle (Ovulum): Der Teil des Fruchtknotens, der die weibliche Erbmasse enthält und aus dem sich nach der Befruchtung der Same entwickelt.

Epiphyt: Eine Pflanze, die auf einer anderen wächst, ohne von dieser Nährstoffe zu erhalten, z. B. viele Orchideen und Bromelien.

Eudikotyledonen: Die größte Gruppe der Blütenpflanzen. Bedecktsamige Pflanzen mit zwei Keimblättern, verzweigten Blattadern und meist vier- oder fünfzähligen Blüten, z. B. Rosen, Hülsenfrüchtler, Margeriten, Heidekraut.

Exsudat: Flüssigkeit, die von Verletzungen in Blättern oder Sprossachse abgesondert wird. Kann klebrig und weiß (z. B. Wolfsmilch), farbig (z. B. manche Mohngewächse) oder klar sein.

Fiedrig: Geteilte Blattform mit fünf oder mehr Fiedern, die aus einem Punkt entspringen. Die Anzahl der Fiedern wird angegeben (z. B. 9-fiedrig).

Flügelnuss (Samara): Geflügelte, einsamige Nussfrucht, z. B. bei Esche und Ahorn.

Fruchtblatt (Karpell): Das weibliche Organ der Blüte, das die Samenanlagen trägt. Kann einzeln oder zu mehreren vorkommen.

Fruchtknoten (Ovar): Die hohle Basis der (verwachsenen) Fruchtblätter einer Blüte, die eine oder mehrere Eizellen enthält.

Ganzrandig (Blatt): Ungeteiltes Blatt mit glatten (weder gelappten noch gesägten) Rändern.

Gefiedert (pinnat): Blatt, das an einer Achse vollständig in Fiedern geteilt ist. Häufig mit gegenständigen Fiederpaaren.

Geteilt (Blatt): Blatt, das aus zwei oder mehr Fiedern besteht. Siehe auch *einfach.*

Hesperidium: Fleischige Frucht mit fester, ledriger Schale, z. B. Orange oder Grapefruit.

Involukrum: Kreis von Hochblättern (Brakteen) um einen kopfförmigen Blütenstand.

Kelch (Calyx): Bezeichnung für die Gesamtheit der Kelchblätter (Sepalen). Der Kelch umschließt die Kronblätter und bildet eine schützende Schicht um die Knospe.

Kelchblätter (Sepalen): Die Blätter des äußeren Blütenblattkreises, meist grün und blattähnlich.

Kiel (an Kronblättern): Auffällige, längliche Rippe in der Mitte der beiden zusammengewachsenen unteren Kronblätter einer typischen Schmetterlingsblüte (Hülsenfrüchtler).

Knolle: Unterirdisches Speicherorgan, das an der Sprossachse (z. B. Kartoffel) oder an den Wurzeln (z. B. Dahlien) gebildet wird.

Knoten (Nodium): Ansatzpunkt eines oder mehrerer Blätter an der Sprossachse, häufig leicht verdickt.

Kronblatt (Petalum): Blatt, das zur Blütenkrone gehört und die Staub- und Fruchtblätter umgibt. Meist leuchtend gefärbt.

Krone (Corolla): Bezeichnung für die Gesamtheit der Kronblätter. Diese bilden den inneren Kreis der Blütenhülle und umgeben die Fortpflanzungsorgane.

Kultivar: Pflanze, die in Kultur durch selektive Zucht produziert wurde.

Lodiculae: Kleine Schüppchen in den Blüten vieler Gräser, die durch Wasseraufnahme zur Blütezeit anschwellen und die Öffnung der Blüten bewirken. Vermutlich rudimentäre Kronblätter.

Makrophyll: Blatttyp, z. B. bei Farnen. Meist mit großer Blattspreite und einem komplexen Gefäßsystem; Gegenteil von *Mikrophyll*.

Mikrophyll: Sehr kleines Blatt, z. B. bei Bärlappen und Schachtelhalmen, mit nur einem unverzweigten Gefäß. Gegenteil von *Makrophyll*.

Narbe (Stigma): Der obere Teil des Stempels, an dem bei der Bestäubung der Pollen haftet.

Nebenblatt (Stipel): Kleines, blattartiges Gebilde, meist paarweise an der Basis des Blattstiels.

Nebenkrone (Corona): Ring- oder kronenartiges Gebilde zwischen Kronblättern und Staubblättern. Bildet bei Narzissenblüten die «Trompete».

Rhizom: Fleischig verdickte, meist unterirdisch wachsende Sprossachse mit Speicherfunktion.

Rispe: Verzweigter Blütenstand mit gestielten Blüten.

Scheidchen (Ochrea): Zwei röhren- oder schlauchförmig zusammengewachsene Nebenblätter, z. B. bei Knöterichgewächsen.

Schirmrispe: Flacher oder kuppelförmiger Blütenstand mit gestielten Blüten, die nicht in einem Punkt entspringen.

Spadix: Fleischiger, fingerförmiger Blütenstand der Aronstabgewächse. Trägt an seiner Basis zahlreiche Blüten. Siehe auch *Spatha*.

Spaltfrucht (Schizocarp): Eine trockene Frucht, die zur Reife in einsamige Teilfrüchte zerfällt.

Spatha: großes Hochblatt, das bei Aronstabgewächsen den Spadix umgibt. Siehe auch *Spadix*.

Staminodium: Steriles Staubblatt, das manchmal Nektar absondert (z. B. Zaubernuss) oder blütenblattartig vergrößert und gefärbt ist (z. B. Ingwer).

Staubblatt (Stamen): Männlicher Teil der Blüte, der aus Staubbeutel und Staubfaden besteht. In einer Blüte können die Staubfäden separat stehen oder miteinander verwachsen sein.

Staubfaden (Filament): Stiel des Staubblatts, der mit den Pollensäcken verbunden ist.

Steinfrucht: Frucht mit einem Samen in harter Schale (Stein), der von weichem Fruchtfleisch umgeben ist, z. B. Pflaume, Kirsche, Mandel, Olive.

Stempel (Pistill): Weiblicher Teil einer Blüte, auch Bezeichnung für mehrere miteinander verwachsene Fruchtblätter.

Tepalen: Kelchblätter und Kronblätter, die gleich aussehen. Häufig bei Lilien und Magnolien.

Traube: Blütenstand mit gestielten Blüten an einer einzelnen, unverzweigten Sprossachse. Die Blüten an der Basis der Traube entwickeln sich zuerst.

Zwiebel: Unterirdisches Speicherorgan, das aus einem kurzen Spross und fleischig verdickten Schuppenblättern besteht.

Index

Bibliografie

Bücher

Bayer, C. & Cole, T. & Hilger, H. (2010). *System der Blütenpflanzen – Neue Zugehörigkeiten, neue Namen,* in: Der Palmengarten 74 (2010), S. 110–117

Beentje, H. *The Kew plant glossary: an illustrated dictionary of plant terms.* 2. Auflage. Kew Publishing, 2016

Byng, J. W. *The Flowering Plants Handbook: A Practical Guide to Families und Genera of the World.* Plant Gateway, 2014

Fragnière, Y. & al. *Botanische Grundkenntnisse auf einen Blick. 40 mitteleuropäische Pflanzenfamilien.* 2. Auflage. Haupt Verlag, 2021

Friis, E. M., Crane, S. R. & Raunsgaard Pedersen, K. *Early Flowers und Angiosperm Evolution.* Cambridge University Press, 2011

Heywood, V. H. (Hrsg.). *Blütenpflanzen der Welt.* Birkhäuser, 1982

Heywood, V. H., Brummitt, R. K., Culham, A. & Seberg, O. *Flowering Plant Families of the World.* Kew Publishing, 2007

Hickey, M. & King, C. *The Cambridge Illustrated Glossary of Botanical Terms.* Cambridge University Press, 2004

Judd, W. S., Campbell, C. S., Kellogg, E. A. & Stevens, S. F. *Plant Systematics: A Phylogenetic Approach.* Sinauer Associates, Inc., 1999

Lüder, R. *Grundlagen der Feldbotanik. Familien und Gattungen einheimischer Pflanzen.* 2. Auflage. Haupt Verlag, 2022

Mabberley, D. J. *Mabberley's Plant-Book.* 3. Auflage. Cambridge University Press, 2008

Niesler, I. M. / Niebel-Lohmann, A. K. *Bildatlas der Blütenpflanzen. 200 botanische Familien im Porträt.* Haupt Verlag, 2017

Websites

Angiosperm Phylogeny Website, version 14
www.mobot.org/MOBOT/research/APweb/

RHS Plants: www.rhs.org.uk/plants

Bildnachweis

Umschlag-Rückseite: Tafel mit Erbsensorten, Farblithographie © RHS, Lindley Library

6, 12, 21, 25, 26, 30, 31, 32, 35, 40, 41, 43, 50, 78, 79, 84, 93, 115, 124, 132, 144, 164, 176 © RHS, Lindley Library

Seite 36: © Liliya Shlapak|Shutterstock

Seite 109: © Sarah2|Shutterstock

Seite 60, 61 © Getty

Alle Abbildungen in diesem Buch sind, sofern nicht anders angegeben, gemeinfrei.

Wir haben uns bemüht, für alle Abbildungen in diesem Buch die Urheberrechtsinhaber ausfindig zu machen. Für eventuelle unbeabsichtigte Auslassungen bitten wir um Entschuldigung. Wir sind selbstverständlich gern bereit, in Folgeauflagen Ergänzungen vorzunehmen.